科学新悦

物理学上的50个重大时刻

[英] 詹姆斯·利斯（James Lees）著
程亦之 译

1456 1633 1687 1935 2007

阿拉伯数字是今天通用的数字系统的鼻祖

牛顿的《自然哲学的数学原理》出版

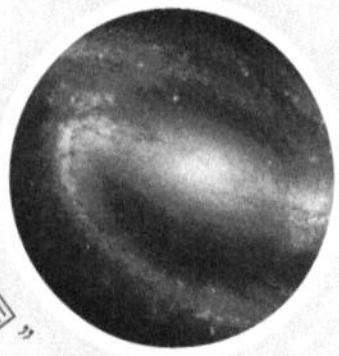

"星系动物园"项目启动

伽利略因其"异端邪说"而受审

薛定谔想到了猫和盒子

人民邮电出版社
北京

图书在版编目（CIP）数据

物理学上的50个重大时刻 / (英) 詹姆斯·利斯 (James Lees) 著 ; 程亦之译. -- 北京 : 人民邮电出版社, 2020.9 (2023.8重印)
(科学新悦读文丛)
ISBN 978-7-115-53839-0

Ⅰ. ①物… Ⅱ. ①詹… ②程… Ⅲ. ①物理学一普及读物 Ⅳ. ①04-49

中国版本图书馆CIP数据核字(2020)第065218号

版 权 声 明

Original title: *Physics In 50 Milestone Moments: A Timeline of Scientific Landmarks*
First published in 2017 by Quarto Publishing plc
An imprint of The Quarto Group.

◆ 著　[英]詹姆斯·利斯（James Lees）
译　程亦之
责任编辑　李　宁
责任印制　陈　犇
◆ 人民邮电出版社出版发行　北京市丰台区成寿寺路 11 号
邮编　100164　电子邮件　315@ptpress.com.cn
网址　https://www.ptpress.com.cn
廊坊市印艺阁数字科技有限公司印刷
◆ 开本：690×970　1/16
印张：11.75　2020 年 9 月第 1 版
字数：186 千字　2023 年 8 月河北第 4 次印刷
著作权合同登记号　图字：01-2017-8629 号

定价：59.00 元

读者服务热线：(010)81055410　印装质量热线：(010)81055316
反盗版热线：(010)81055315
广告经营许可证：京东市监广登字 20170147 号

内 容 提 要

本书以时间为线索，选取了物理学史上 50 个具有里程碑意义的事件，如沃伦·菲尔德历法遗址的发掘、地心说的建立、日心说的提出、第一台实用型望远镜的发明、欧拉恒等式的发表、标准化测量体系的健全，以及《天文学大成》《天体运行论》《自然哲学的数学原理》《费曼物理学讲义》等巨著的出版。任何科学领域的进步都不是突然实现的，而是以前人的成就为基础、不断积累知识的过程。本书生动地展现了物理学的发展进程，告诉人们人类是如何取得今天的成就的。

本书适合青少年及物理学爱好者阅读。

目　录

序 6
里程碑式的人物 8
物理学发展时间轴 10
第 1 章　古代物理学 15
第 2 章　科学革命 33
第 3 章　经典物理学 65
第 4 章　量子力学与相对论 109
第 5 章　现代物理学 157
拓展阅读 184
图片来源 187

序

物理学对我们的现代生活非常重要，使我们取得了相当多的非凡成就，比如航空航天事业的发展、计算机的发明，以及宇宙中的最小物质之间由撞击产生的能量的获知，等等。

不用说，社会发展到这一水平绝非易事，物理学家们为此已经努力了很多年。

在这本书里，我们通过物理学的50个里程碑式的事件，向你介绍人类是如何达到今天的成就的。从古希腊大哲学家到牛顿、爱因斯坦取得的伟大成就，一直到当代最激动人心的科学实验，本书悉数收录。

浏览本书，你很快会发现，这些里程碑式的事件并不是孤立存在的，而是物理学发展进程中的一个个关键点。毕竟，物理学的进步（所有科学领域的进步）都是以前人的成就为基础、不断积累知识的结果。

里程碑式事件的选择其实是一个挺主观的事情。尽管如此，这些里程碑式的事件却都对物理学的发展做出了巨大贡献，我们至今依然能够感受到它们的影响力。

对于本书中提到的时间的说明

启蒙运动时期的很多时间都只是猜测，因为那段时期的资料可能相当不可靠，有些还往往没有标明日期。

此外，1752 年之前的资料有不少是一个来源却给出了两个日期的情况。造成这种情况的原因在于，旧时的儒略历一年有 365.25 天，没有现行的公历（即格里高利历）那么精确，现行的公历一年为 365.2425 天。

教皇格里高利十三世在位期间（1572—1585），儒略历不太精确的累积效应已经从实际的季节与历法确定的季节的误差中看得很清楚了，两者相差 10 天。为了纠正这一错误，教皇颁布了以他的名字命名的历法，这就是格里高利历（也就是我们现在说的公历）。

然而，启用这种新历法的过程是很缓慢的——直到 1752 年英国才正式采用。这意味着在此之前的一些资料的日期，儒略历或者公历都有可能采用。本书尽可能采用公历日期。

太空时代：包括哈勃空间望远镜（见第170页）在内的新技术首次向我们揭示了宇宙的宏大。

里程碑式的人物

姓名	生卒年	国籍/出生地	成就	页码
亚里士多德	约公元前384—约公元前322	古希腊	创立亚里士多德形式逻辑学	20
阿基米德	约公元前287—公元前212	西西里岛	浮力原理	25
托勒密	约100—约170	埃及	建立托勒密体系	28
伊本·海赛姆	965—1040	今伊拉克	描述光	34
拉斯洛五世	1440—1457	匈牙利	将阿拉伯数字引入西方	36
尼古拉·哥白尼	1473—1543	普鲁士	挑战托勒密体系	38
第谷·布拉赫	1546—1601	丹麦	精确而全面的天文观测	42
伽利略·伽利雷	1564—1642	意大利	发现木星的4颗卫星	50
汉斯·利珀希	1570—1619	荷兰	发明望远镜	46
艾萨克·牛顿	1643—1727	英国	提出万有引力理论	57
埃德蒙·哈雷	1656—1742	英国	预测哈雷彗星的回归时间	68
丹尼尔·加布里埃尔·华伦海特	1686—1736	德国	创造了一套标准温标——华氏温标	60
莱昂哈德·欧拉	1707—1783	瑞士	创立欧拉恒等式（也叫欧拉公式）	66
约翰·古德里克	1764—1786	英国	解释造父变星机制	70
约翰·道尔顿	1766—1844	英国	发展了原子理论	82
托马斯·杨	1773—1829	英国	发现光的波动性质	79
迈克尔·法拉第	1791—1867	英国	发现电磁感应现象	88
萨迪·卡诺	1796—1832	法国	开创热力学	85
威廉·哈密顿	1805—1865	爱尔兰	创立哈密顿力学	92
詹姆斯·克拉克·麦克斯韦	1831—1879	苏格兰	提出麦克斯韦方程组	98
爱德华·莫雷	1838—1923	美国	推翻以太理论	104

姓名	生卒年	国籍/出生地	成就	页码
路德维希·玻尔兹曼	1844—1906	奥地利	开创统计力学	95
亚历山大·格拉汉姆·贝尔	1847—1922	苏格兰	发明电话	102
阿尔伯特·迈克耳孙	1852—1931	普鲁士	推翻以太理论	104
马克斯·普朗克	1858—1947	德国	提出能量量子化理论	110
欧内斯特·卢瑟福	1871—1937	新西兰	发现了3种类型的放射性物质	118
阿尔伯特·爱因斯坦	1879—1955	德国	相对论、量子力学、布朗运动、质能方程	114和126
汉斯·盖革	1882—1945	德国	完成对原子的描述	118
尼尔斯·玻尔	1885—1962	丹麦	阐释光谱线	122
埃尔温·薛定谔	1887—1961	奥地利	创立薛定谔方程	142
埃德温·哈勃	1889—1953	美国	发现宇宙膨胀	134
欧内斯特·马斯登	1889—1970	英国	完善对原子结构的描述	118
弗里茨·兹威基	1898—1974	保加利亚	推断出暗物质	138
沃纳·海森堡	1901—1976	德国	创立不确定性原理	130
沃尔特·布拉顿	1902—1987	美国	晶体管发明人之一	148
库尔特·哥德尔	1906—1978	美国	创立哥德尔不完全性定理	136
约翰·巴丁	1908—1991	美国	晶体管发明人之一	148
威廉·肖克利	1910—1989	美国	晶体管发明人之一	148
理查德·费曼	1918—1988	美国	创立费曼图	152
默里·盖尔曼	1929—2019	美国	建立夸克模型	162

物理学发展时间轴

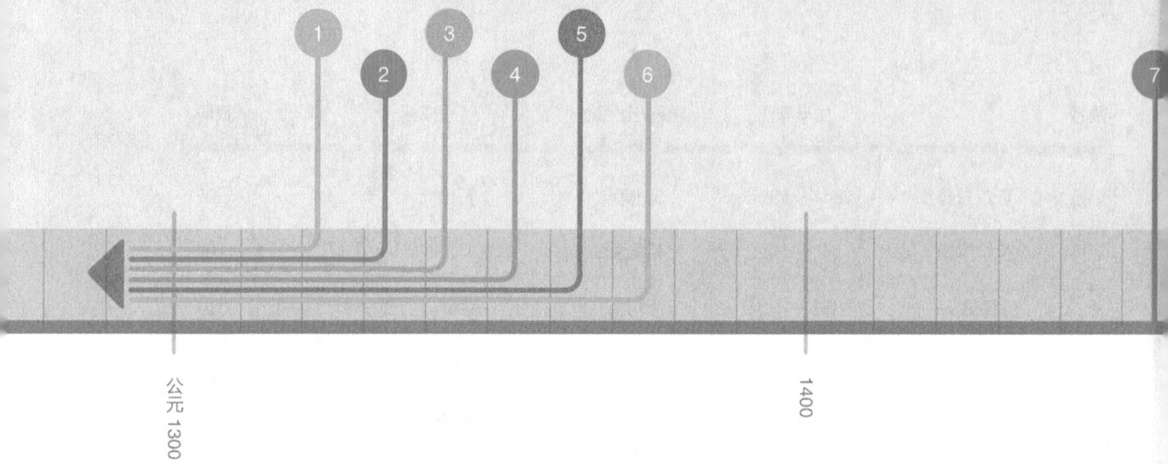

1 **大约公元前8000年…………………… 第16页**
沃伦·菲尔德历法创立　沃伦·菲尔德历法的发现显示，人类最早观测天象的时间比我们最初认为的早5000年。

2 **大约公元前2300年…………………… 第18页**
《征兆结集》成书　古巴比伦人采用《征兆结集》泥板书，绘制夜空天象图。

3 **大约公元前350年 …………………… 第20页**
亚里士多德形式逻辑学确立　亚里士多德的思想改变了当时的人们对这个世界的看法，并逐步形成了一套世界观。

4 **大约公元前250年 …………………… 第25页**
阿基米德发现浮力定律　早期物理学是通过简单的数学应用发展起来的。

5 **大约公元150年 ……………………… 第28页**
托勒密把我们置于宇宙的中心　托勒密为地心说建立了数学模型，确立了一套持续1000多年的天文体系。

6 **大约1015年………………………… 第34页**
伊本·海赛姆论述光　伊本·海赛姆的著作帮助人们开启了改变世界的科学革命之门。

7 **1456年 ……………………………… 第36页**
“遗腹子”拉斯洛五世率先在公文中使用阿拉伯数字　阿拉伯数字成为今天普遍采用的数字系统的基础。

8 **1543年 ……………………………… 第38页**
尼古拉·哥白尼的《天体运行论》出版　哥白尼的日心说理论彻底改变了人类对自己在宇宙中的位置的看法。

9 **1572年 ……………………………… 第42页**
一颗新恒星闪耀在夜空　1572年一颗明亮的新恒星出现在仙后座，天文学的基础又一次被撼动了。

10 **1608年 ……………………………… 第46页**
汉斯·利珀希造出第一台实用型望远镜　第一台实用型望远镜的发明，大大扩展了我们的科学视野。

11 **1633年 ……………………………… 第50页**
伽利略的“异端邪说”　伽利略的革命性思想与天主教会产生分歧。

12 **1660年 ……………………………… 第54页**
英国皇家学会成立　成立于伦敦的英国皇家学会通过资助、培训和国际合作的方式，为科学研究确立了一套标准。

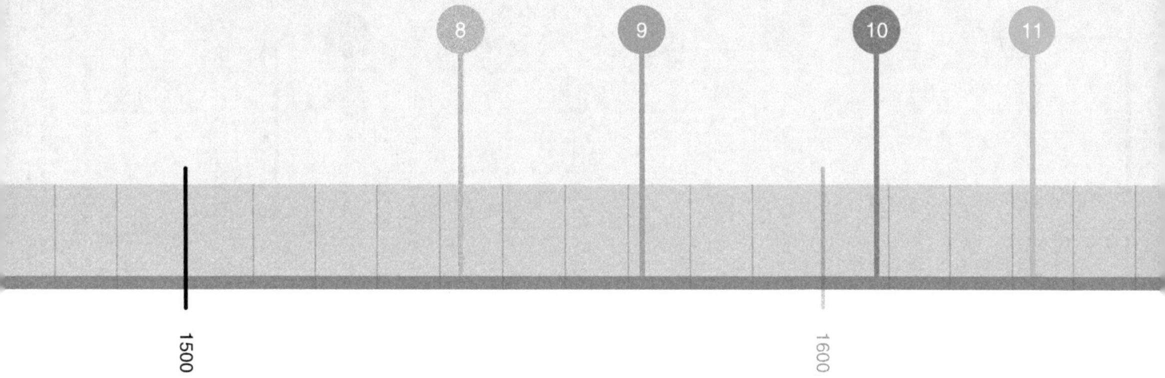

13 **1687年** ······························· **第57页**
艾萨克·牛顿的《自然哲学的数学原理》出版　牛顿巩固了现代科学方法，拥护实证主义，对我们周围的世界提供了一种解释。

14 **1714年** ······························· **第60页**
丹尼尔·加布里埃尔·华伦海特发明水银温度计　华氏温标成为第一个标准温标。以华氏温标标注的温度计至今还被很多家庭使用。

15 **1748年** ······························· **第66页**
欧拉恒等式（也叫欧拉公式）发表　欧拉公式向我们展示了数学的内在关系。

16 **1759** ······························· **第68页**
哈雷彗星如期而至　英国天文学家埃德蒙·哈雷首次准确预测出彗星的回归时间。

17 **1784年** ······························· **第70页**
约翰·古德里克扩展了星空的范围　古德里克发现食双星，扩展了我们对宇宙认识的尺度。

18 **1795年** ······························· **第74页**
公制被引入法国　标准化测量体系的应用促进了全世界科学家的合作。

19 **1797** ······························· **第76页**
亨利·卡文迪许算出G值　牛顿定义万有引力常数G一个世纪以后，卡文迪许算出了这个常数。

20 **1803年** ······························· **第79页**
托马斯·杨的双缝实验　托马斯·杨通过双缝实验证明光是一种波。

21 **1804年** ······························· **第82页**
约翰·道尔顿发展了原子理论　道尔顿迈出探索原子本质的第一步。

22 **1824年** ······························· **第85页**
萨迪·卡诺完美地描述了卡诺热机　“热力学之父”卡诺为蒸汽机的应用提供了关键性理论。

23 **1831年** ······························· **第88页**
迈克尔·法拉第发明圆盘发电机　法拉第发明了发电机，为现代世界提供了驱动力。

24 **1833年** ······························· **第92页**
威廉·哈密顿创立哈密顿力学　哈密顿建立的数学理论改变了物理学家的研究路径。

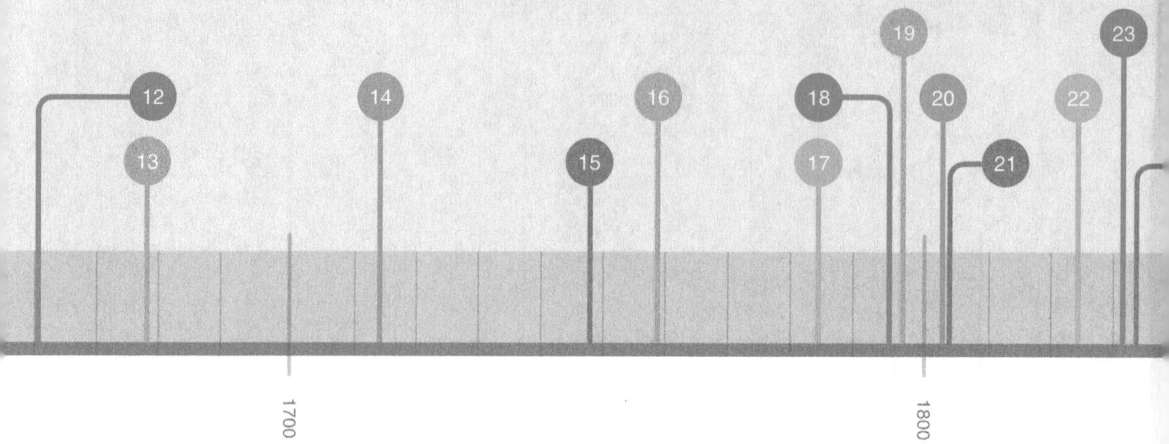

25 **1872年 ······························ 第95页**
玻尔兹曼方程发表 **路德维希·玻尔兹曼对统计力学的贡献，为后来量子力学的确立奠定了基础。**

26 **1873年 ······························ 第98页**
詹姆斯·克拉克·麦克斯韦提出麦克斯韦方程组 **麦克斯韦方程组统一了电场和磁场。**

27 **1876年 ······························ 第102页**
亚历山大·格拉汉姆·贝尔发明电话 **贝尔发明的通信工具实现了复杂信息的传递。**

28 **1887年 ······························ 第104页**
迈克耳孙和莫雷什么也没发现 **迈克耳孙－莫雷实验失败，这是有史以来最重要的无果实验之一。**

29 **1900年 ······························ 第110页**
马克斯·普朗克解决了“紫外灾难”问题 **普朗克提出量子化理论，这意味着量子力学真正诞生了。**

30 **1905年 ······························ 第114页**
爱因斯坦奇迹年 **26岁的爱因斯坦在一年中连续发表了4篇论文，震撼了物理学界。**

31 **1911年 ······························ 第118页**
盖革－马斯登实验证明了原子内部大部分是空的 **这个里程碑式的实验拓展了我们对原子的认识。**

32 **1913年 ······························ 第122页**
尼尔斯·玻尔阐释光谱线 **尼尔斯·玻尔天才般地解释了光谱线现象。**

33 **1915年 ······························ 第126页**
爱因斯坦发表广义相对论 **爱因斯坦发表了4篇论文，提出了广义相对论。**

34 **1927年 ······························ 第130页**
海森堡提出不确定性原理 **海森堡的不确定性原理向我们展示了我们所不知道的，但是我们依然可以基于此做出一些预测。**

35 **1929年 ······························ 第134页**
埃德温·哈勃发现宇宙正在膨胀 **哈勃证实在我们的星系之外还有星系，而且宇宙正在变大。**

36 **1931年 ······························ 第136页**
哥德尔不完全性定理发表 **库尔特·哥德尔提出的这个定理震撼了整个科学界。**

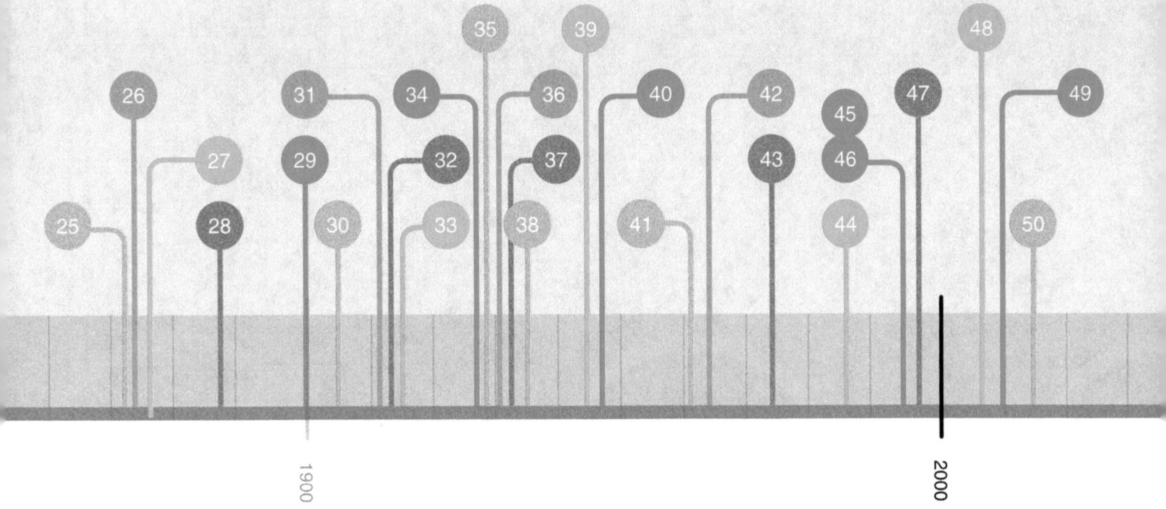

37 **1933年 ……………………………第138页**
弗里茨·兹威基意识到我们漏掉了宇宙的大部分　他对一个星系团的简单计算，却得出了惊人的结果。

38 **1935年 ……………………………第142页**
薛定谔想到了猫和盒子　埃尔温·薛定谔的这个思想实验，简化了一些非常难懂的量子力学问题。

39 **1945年 ……………………………第146页**
两颗原子弹被投到日本　物理学最具破坏力的结果，瞬间改变了人类关系。

40 **1947年 ……………………………第148页**
巴丁和布拉顿研发出晶体管　晶体管的发明是所有科技成果中最重要的成果之一。

41 **1961年 ……………………………第152页**
理查德·费曼进行了一系列讲座　费曼以一种简单有趣的方式，为物理教学开创了一个深刻而富有洞察力的样本。

42 **1964年 ……………………………第159页**
CDC 6600 开始销售　第一台超级计算机问世，使得物理学发生了革命性变化。

43 **1974年 ……………………………第162页**
标准模型建立　标准模型是我们目前最接近宇宙本源的理论。

44 **1986年 ……………………………第166页**
发现高温超导体　新型超导体的发现使能源效率提升了一大截儿。

45 **1995年 ……………………………第168页**
欧洲核子研究组织的科学家制造出反物质粒子　反物质粒子将这个国际科学家团队带到了更远的地方。

46 **1995年 ……………………………第170页**
哈勃空间望远镜拍到哈勃深场　哈勃空间望远镜拍到最特别、最令人惊叹的宇宙图景。

47 **1997年 ……………………………第172页**
欧洲联合环形反应堆创造了核聚变能源的世界纪录　一座能源工厂创造了世界纪录，意味着可控核聚变技术不仅可能也是可行的。

48 **2007年 ……………………………第174页**
“星系动物园”项目启动　科学家与公民志愿者合作共同绘制星空图。

49 **2010年 ……………………………第177页**
大型强子对撞机开启　大型强子对撞机开始运行，标志着粒子物理学进入了新时代。

50 **2015年 ……………………………第180页**
探测到引力波　探测引力波为我们探索宇宙打开了一扇全新的大门。

第1章

古代
物理学

沃伦·菲尔德历法创立

古代物理学大都集中在天文学上，如果你时常仰望星空的话，就不难理解其中的原因。2013 年，沃伦·菲尔德历法遗址彻底被发掘出来，该遗址意味着人类最早观测天象的时间要比我们最初认为的整整提前了 5000 年。

认识时间非常重要。当今世界，到处充斥着最后期限、各种时间表以及种种事情的日程安排，让我们不停地看表看时间。而在一万年前，时间可能是生死攸关的事情。认识时间意味着要了解季节变化，什么时候迁徙，什么时候采摘，什么时候狩猎，这些事情关乎生存。

时钟出现之前，夜观星象是一种标记时间流逝的方法。

沃伦·菲尔德历法遗址由 12 个坑组成，沿着粗糙的弧线排列。这些坑是在苏格兰的克雷斯城堡附近被发掘出来的。

人们认为，站在某个特定的位置，观察月亮相对于 12 个坑的位置，就能在一个月内（29.5 天左右）看出月相的周期性变化。12 个坑还代表一年的 12 个月份，通过观察月亮相对于坑位的变化，可估算出一年包含的天数。

阴历的难点在于，按照阴历一年有 354 天，而按照阳历则有 365.25 天。这意味着一年中你想要记住的某个关键日子，等到下一年或者未来的某个

更早的仪器？

沃伦·菲尔德历法遗址是世界上已知最古老的科学产物，甚至早在建造吉萨金字塔和巨石阵时，它就已经显得很古老了，而且它的历史比罗马帝国鼎盛时期还要久远得多。但沃伦·菲尔德历法也可能不是人类创造的第一个历法。有人认为，公元前 25000 年骨头上的痕迹，或者公元前 15000 年拉斯科洞窟壁画上的图案，也可能代表历法，但这些说法明显存在争议。沃伦·菲尔德历法被普遍认为是第一个历法。

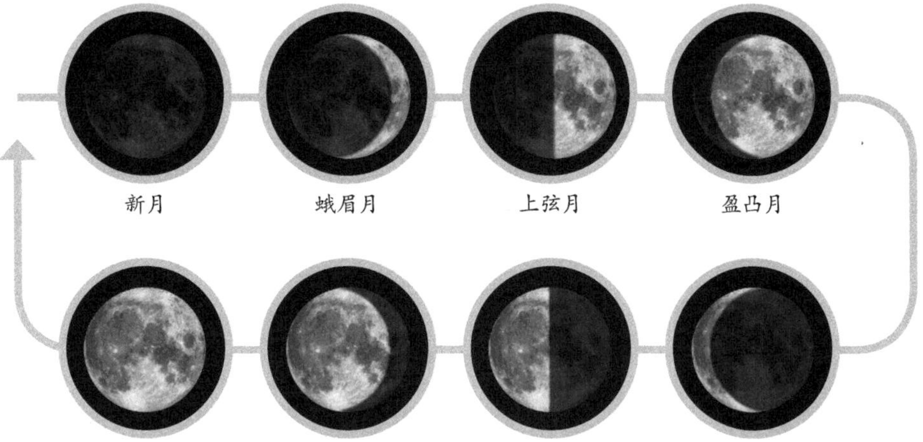

月相：月亮的盈亏。中石器时代的人类已能够借助沃伦·菲尔德历法，绘制月亮的盈亏图。

年份，日期却变了，这是由季节性位移（实际季节与历法中的季节出现偏差）造成的。所以每年都得调整日历，否则日历就会失效。令人惊讶的是，沃伦·菲尔德历法不仅是迄今为止已知最古老的阴历、最早的科学仪器，它还为我们展示了第一个校准器的实例。每年冬至，这个历法会根据日出的位置进行重新设定，这样就可确保下一年的历法准确无误。

为何要创建历法？

当时的人们创建沃伦·菲尔德历法的实际用途我们目前尚不清楚，可能是为了帮助捕鱼和捕猎而标记季节变化，或者是更有意义的目的，比如精确标记某些重要的日子，它也可能是解释星图变化的天文工具。无论这个历法的实际用途到底是什么，它都标志着人类早期对时间和科学认知的开端。

更重要的是这个历法遗址意味着，人类祖先除了口口相传来分享知识外，还会创造科学仪器——这是物理学发展的关键所在。

所有实验都需要实际操作，每个发明和创造都需要某种形式的仪器。沃伦·菲尔德历法已被普遍认为是人类已知的第一个科学仪器，这一事实确立了它在科学史上的特殊地位。

《征兆结集》成书

尽管古巴比伦人可能不是最早夜观星象的人，但他们一直将其作为宗教习俗，并认真记录。这个已知最早的星空图被称为《征兆结集》泥板书，可以追溯到公元前2300年。

这70块残片是以古巴比伦神阿努和伊利尔（他们分别是传说中的天神和风神）的名字命名的，总共包含大约7000个条目。从某种程度上说，这些文字相当于古巴比伦版的《圣经》，因为它的主要内容就是阐释诸神的意志，记述天上诸事。

这些记述之所以重要，是因为它们提供了以前星象的历史记录，在解释当时的事件时可以作为参照。这也就意味着，以前多少代出现过的不太起眼的事情，虽然没被口口相传而保存下来，学者却可以知道。

虽然《征兆结集》主要是用来进行星象占卜的，但是它成了天文学的基石。《征兆结集》泥板书本身就是以残片形式存在的，人们至今尚未完全将其从楔形文字翻译过来。

《征兆结集》泥板书还描述了月亮运动的规律，甚至开始预测月食。而关于太阳的残片大部分已经损坏或丢失。有关行星和恒星的文字翻译尽管有些不可靠，但似乎表明古巴比伦人能预测行星和恒星的运动，甚至已能使用星盘（一种可以计算天体从地平线到运行至最高点之间的高度的仪器）来寻找天体，以及编制星表。

关键是，当时并不是只有一套《征兆结集》，而是有多套，包括一个豪

第一个星表

古巴比伦人创造了最早的星表，罗列出星座、恒星、行星，其中最重要的是名为“三环星盘”（Three Stars Each，又叫“一栏三星”）和“犁星”（MUL.APIN）的泥板。

早期的星表列出许多星座并被沿用至今，此外还列出一些重要结构，比如黄道十二宫（当时是18个，而不是现代的12个）。这种古巴比伦版的星座后来被古希腊人和古埃及人采用，为他们的天文学奠定了基础。

华版的象牙板书。这些书被派送到全国各地，从而实现了知识共享。分发这些板书有助于科学知识的传播，第一次，科学知识不再是王宫和庙堂的专属。

定期记录

从观测太阳到精确测量恒星的位置，每天记录天体的运行情况已经成为古巴比伦人的一种习惯，就像美国国家航空航天局（NASA）的太阳与太阳圈探测器（SOHO）所做的那样。

古巴比伦人每天记录的天体运行事件举例如下：

97 年，9 月，1 日晚（第 3 日？）……观测；

那颗明亮的老人星升到天顶，月食开始；

由东面开始，晚上 21，月面被遮挡；

晚上 16，出现月全食；

晚上 19，月全食的黑影从东北到西面逐渐退去；

56，月亮全部复原；

日落后 0.5 个“贝鲁”（1 小时）……月食；

月食期间，天狼星出现。

一般来说，上面这些译文解释了 97 年 9 月第 3 晚（根据古巴比伦历法），“老人”星座处在夜空最高点时出现月食。

金星星表：阿米萨杜卡金星泥板，《征兆结集》泥板书的第63块，记录了超过21年的金星运行情况。

当时，每天都有这样的记录，就像我们今天的天文记录一样；在很多日子里，人们只是简单地记录多云或有雨，因为这种天气是不可能进行天文观测的，比如：

第 14 晚，日落月升：8° 20′；

多云，我无法观测。非常阴暗。第 14 晚，全天乌云密布。第 15 晚，乌云笼罩天空，细雨徐徐。

亚里士多德形式逻辑学确立

科学上的逻辑推理，现在我们认为是理所当然的方法，然而在古希腊时期，情况却大不相同。在那时，诸如形式、善、恶等一切事物的核心，都被永恒不变地解释为“诸神所为”，但亚里士多德（约公元前384—约公元前322）学说颠覆了这一切。

亚里士多德是柏拉图的学生，当公元前347年柏拉图去世后，他来到马其顿，教授亚历山大大帝。正是在那里，他开始研究经验主义——所有知识都来自人类感官的经验。回到雅典后，他开办了一所学校，名叫吕克昂学园。

在著作中，亚里士多德提出逻辑思想（也被称为“传统逻辑”“三段论逻辑”）的概念，这是一种演绎推理法，一直到19世纪晚期仍占主导地位（见下文）。他最著名的作品是《工具论》，由6篇构成，充分阐释了他的逻辑思想。这本书非常受欢迎，一定程度上要归功于他的声望——亚里士多德是柏拉图的学生和亚历山大大帝的老师。

亚里士多德还提出了矛盾律和排中律。简单来说，矛盾律指一个命题不可能同时存在真和假。排中律则指这个命题要么是真、要么是假。我们现在看来，这似乎是显而易见的道理，但在古希腊人看来就没那么确定了。在一个充满神秘主义和诸神意志的世界，无论是真假并存，还是介于两者之间，人们都不是那么确定。

亚里士多德逻辑如何推演？

亚里士多德逻辑属于传统逻辑类型，是一种演绎推理法。简单来说，演绎法就是通过一些前提条件推导出结论。如果前提条件为真，那么结论也为真。他举出一个著名的例子，看看以下两个前提条件：

人终有一死；

苏格拉底是人。

由这两个前提条件可以得出结论：

“第一导师”：1637年的一幅亚里士多德的画像。由于对诸多领域的巨大贡献以及作为亚历山大大帝的老师，亚里士多德常被尊称为“第一导师”。

苏格拉底终有一死。

从极端无知的角度来看，我们根本说不清道不明苏格拉底到底会终有一死，还是长生不死。然而，通过审视这两个前提条件——他是人，所有人都终有一死——只要我们能接受这两个前提都是真的，那么得出的结论也应该是真的。我们并不需要额外的知识和推理，就能得出这个结论。

这一推导可以延伸到“苏格拉底”和“终有一死”以外：

所有 A 都属于 B；

所有 C 都属于 A。

所以：

所有 C 都属于 B。

你可以拿任意事物来代替 A、B、C，只要前两句命题为真，那么第三句也为真。这种逻辑表达的好处显而易见，它能让我们从已知的结论，推导到未知领域。虽然这在今天似乎很明显，在当时却是一个巨大的突破。

亚里士多德还研究了归纳推理法，即利用特定的前提得出一个普遍的结论。比如：

这根铜棒属于金属，能导电；

这根铁条属于金属，能导电；

这根钢条属于金属，能导电。

由此得出：

所有的金属棒都能导电。

归纳推理法是一种很有用的方法，但也不是万无一失的求真方法。比如，它可以让我们得出所有金属都是固体的结论，因为所有金属棒都是固体。但对于水银这种在室温下呈液态的金属，显然这个结论是错的，而且事实上金属在一定温度下也会变成液态。

正因为如此，亚里士多德把归纳推理法称为次级形式逻辑。尽管归纳推理法在今天仍然被广泛应用，但它常被当作实际验证前的合理假设。

经验主义兴起

经验主义作为一种认识论，认为所有知识都是从感知获得的经验。这种亚里士多德时代的经验主义与柏拉图主义并不一样。柏拉图主义把知识划分为不同的领域，包括自然、精神领域，同时也融合了神学。经验主义的出现使人们把注意力转移到可测量、可检验的具体事物上来，到现在它仍是我们认知论的基础。直到 17 和 18 世纪，经验主义才被视为哲学的主要分支。实际上，在此之前，几乎所有的科学学科都植根于经验主义思想，而这正是源于亚里士多德的著作。

亚里士多德的著作及其影响

亚里士多德在一生中几乎涉猎了所有知识领域——从天文学到动物

雕刻作品：阿拉伯著名科学家贾比尔·伊本·哈扬（721—815）在现今土耳其的埃德萨学院向人们讲授亚里士多德的著作。

学，而且对这些领域的发展都做出了重要贡献。他所创办的学校还在确立以雅典为主的西方文化中心的过程中发挥了积极作用。亚里士多德的思想流传得更为久远，后世的希腊、罗马思想家都采用了他的逻辑方法。伊斯兰黄金时代（约 750—1250）的人们还把他尊为西方最伟大的思想家，常常称他为“启蒙老师”。欧洲中世纪(约 476—1500）的很多哲学作品都是在亚里士多德著作的基础上不断改进而成的，甚至到启蒙时代后，这些著作仍然继续影响着许多著名思想家。

亚里士多德逻辑为物理学和其他科学的发展提供了一个平台，人们以可检验的实证主义为前提得出结论，并将其作为所有实验的基础。

以现代标准衡量，亚里士多德逻辑当然是一种有缺陷的学问，在很多领域都可以被驳倒。它过分依赖传统逻辑，尽管后者非常强大，但在实际应用中有很大的局限性。尽管存在这些问题，亚里士多德仍被视为史上最伟大的哲学家之一，常常被称为“逻辑学之父”。没有他做出的贡献，科学就不会有今天的成就。

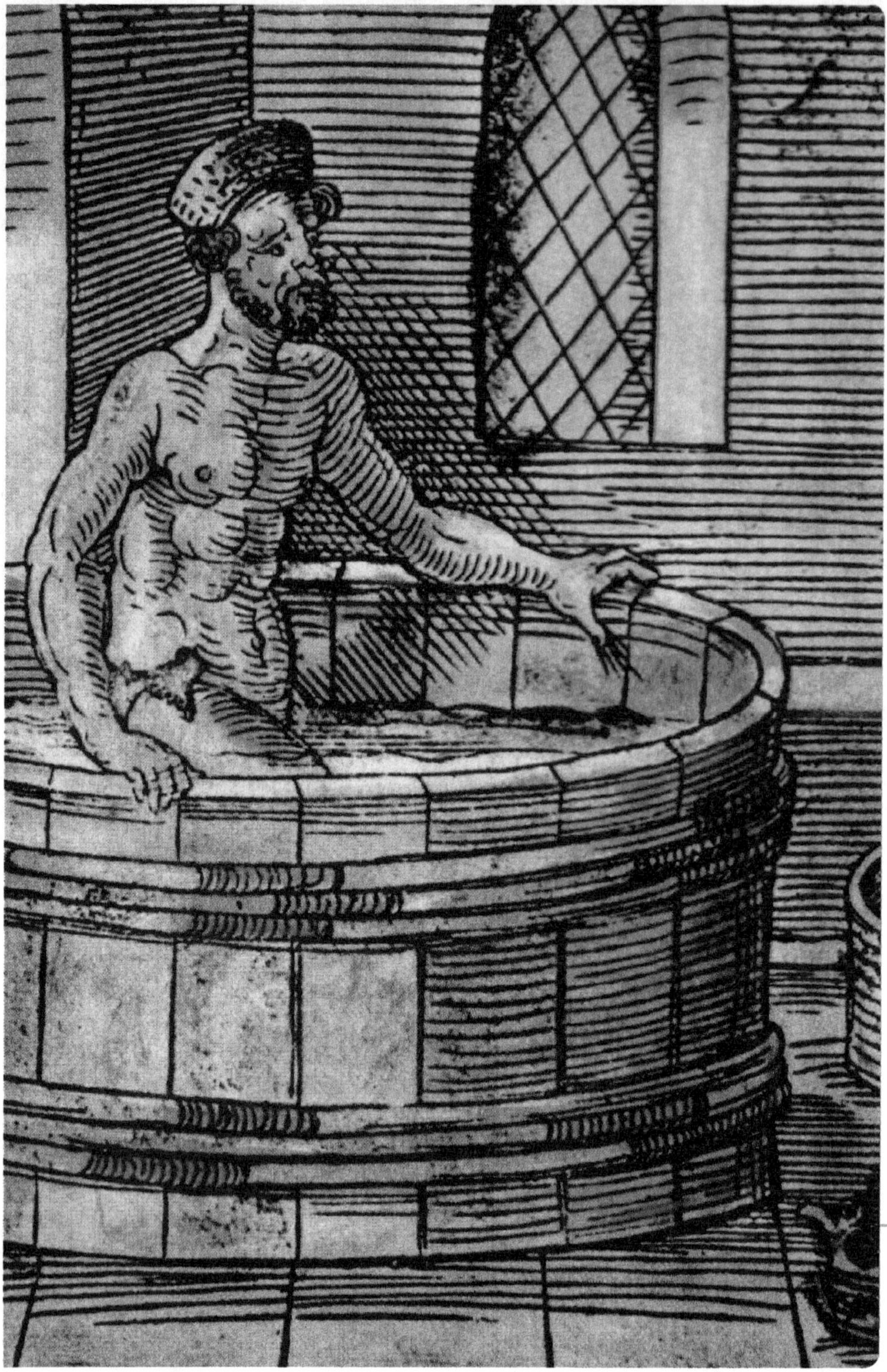

阿基米德发现浮力定律

很多人都听说过阿基米德（约公元前287—公元前212）的故事，他裸奔到街上大喊："找到了！"而这件事很可能并不是真的。不过，他在物理学发展的早期确实是一位非常重要的人物，他的主要成就是将数学加以简单应用。

没多少人知道阿基米德的个人生活，他出生在西西里岛，父亲名叫菲狄亚斯，是一位天文学家，可能跟西西里岛的叙拉古国王有些关系。不过，人们知道阿基米德是因为他的作品以及他对科学的贡献。

阿基米德最出名的，有可能是杜撰出来的一个有关王冠的故事。公元前3世纪中叶，叙拉古国王要求珠宝商称出王冠上的黄金的质量，因为国王怀疑珠宝商在制造王冠时掺杂了银，犯下了欺君之罪。当然，国王虽然很想查明此事，但又不想损坏王冠。于是，国王召来大数学家阿基米德。时间一天天地过去，数周过后阿基米德还是无法算出黄金的质量。

有一次阿基米德去洗澡，发现自己进入浴缸时，水从浴缸边沿向外流出。他突然明白了，被排出的水的体积相当于他身体的体积，用类似的方法他就能测量出王冠的体积。只要他知道了王冠的体积，就能检验其密度，从而得知王冠是否100%是由纯金打造的。（金的密度大于银的密度，如果掺杂了银，王冠的密度就会变小。）据说，惊喜若狂的阿基米德跳出浴缸，裸奔到大街上高喊："尤里卡！"（"尤里卡"的意思是"找到了"。）故事在结尾证实了王冠的确掺杂了银，珠宝商被处决了。这意味着并不是所有故事都有美满的结局。

但这个故事真实的可能性很小。因为阿基米德从未在自己的著作里提到过。再有，这种方法需要测量体积的工具足够精密，对于当时来说这几乎是不可能的。

虚构的故事：16世纪的版画作品，描绘了阿基米德的一段令人难忘的故事，凸显出他作为杰出科学家的历史地位。

阿基米德原理

不管怎样，阿基米德研究出了流体的浮力定律，写出了著作《浮体论》，这一理论被称为阿基米德原理：

任何部分或全部浸入流体（液体或气体）中的物体所受的浮力，都等于这个物体排开的流体的重量。

换句话说，一个物体在某种流体（比如水）中受到的浮力，相当于溢出流体的重量。这种现象是显而易见的，你可以漂浮在泳池里，也可以让一个重物沉到水底来看看效果。根据这个洞察，阿基米德做出了一项令人钦佩的创举——创建一个公式来解释观察结果，这一公式的现代版本如下：

$$W_o - W_d = W_a$$

W_o是物体的初始重量，W_d是排开流体的重量，W_a显然是物体在流体中的视重。

他可能正是采用这个公式解决了王冠问题。先将王冠和同等质量的纯金分别放在天平两端，然后同时浸到两个完全相同、注满水的容器里，如果两者的密度存在差异，浸泡王冠的容器会溢出更多的水，天平就会发生倾斜，表明王冠不是纯金的。

阿基米德是首个用数学语言来解释物理现象的人。你可能已经注意到，物理学现在看起来严重依赖数学方程，后者几乎无处不在。正如我们所看到的，最早使用这种方法的就是阿基米德。更重要的是，他还提出了流体静力学理论（研究流体在静止状态下的力学问题）。

伟大的发明家

阿基米德的其他成就包括发明逼近法（现代微积分的前身），论述圆柱体与内切球体的体积关系，描述抛物线图形求积法等。

另外，他还有其他一些著名发明，比如阿基米德螺旋泵，通过不断旋转螺旋管道，它能够将液体由低到高向上运输。这种发明对于整个古代世界来说好处不言而喻：人们可以用它进行抽水灌溉、矿井排水，甚至可能向古巴比伦空中花园运水。如今仍有很多地方采用该泵的原理，比如联合收割机、污水处理厂、巧克力喷泉等。

阿基米德一些更有趣的发明，是为了捍卫家乡叙拉古，抵御罗马共和国的入侵。第二次布匿战争（公元前218—公元前201）期间，叙拉古海陆两路都被封锁，阿基米德为此改进了守城用的御敌武器，比如提高投射器的杀伤力和准确度。不过，他第一个发明的是阿基米德爪，形似抛石机或者起重机。操作者从城墙上垂下一个抓钩，当它钩住敌船时，能用力把船吊起来，然后突然落下，以此毁坏船只甚至导致沉船。另一个发明是被称为“死光”的武器，它是由一组反光镜构成的死亡之阵，利用反光镜反

撬动世界

阿基米德的成就除了浮力定律外，还有著名的杠杆原理。长久以来人们就知道，利用杠杆能够移动非常沉重的东西。但阿基米德创建了一个公式，它的现代版本为：

$$F \times D = T$$

其中，F 是作用力（作用于杠杆上的力），D 是力臂（施力点与支点之间的垂直距离），T 是力矩。

这个公式表明，你可以通过增加力臂的长度，从而增强作用力的效果。这就是为什么独轮车的车轮要放在前端，门把手要放在铰链的对面，这都是杠杆原理普遍适用的效果，以至于阿基米德曾发出豪言壮语："给我一个支点，我就可以撬动整个地球！"换句话说，如果他有一个足够长的杠杆以及一个足够大的地方，他就能撬动地球。

这的确是真的，然而一种快速计算结果显示，这个地方太过遥远。地球的质量约为 5.965×10^{24} 千克，人的平均推力是 675 牛顿，阿基米德要想撬动地球，需要站到约 8.66×10^{22} 米之外的遥远地方，也就是约 920 万光年外！这个距离是地球和距地球最近的仙女座星系距离的 3.5 倍以上。

射太阳光的原理，将其焦点定位在敌船上，据说这样能够导致船只着火。然而，近现代的人们仿制的这种武器都没有达到死亡之阵的杀伤力。事实更可能是，这种死亡之阵能够让敌人眼花缭乱，削弱他们的战斗力。尽管阿基米德竭尽全力保卫家园，但罗马人最终还是攻下城池。即使敌将发出了保护令，他还是在家中被杀死。整个叙拉古也被洗劫一空。

托勒密把我们置于宇宙的中心

在托勒密（约 100—约 170）生活的时代，人们自然而然地接受一个观点：地球是宇宙的中心。不过，托勒密并没有轻易接受他人的观点，他要通过数学方法来证明。就这样，他创建了一套持续 1000 多年的天体运行预测体系。

对于托勒密这位重要历史人物的早期生活，后世所知甚少。他出生在罗马统治下的埃及。从他的著作和他使用古巴比伦资料中的数据可以推断，他很可能有希腊血统，甚至可能来自皇室，尽管他一直声称自己出身埃及。

托勒密并非第一个相信地球是宇宙中心的人。事实上，在他之前的很多伟大思想家都这么认为，包括亚里士多德。地心说（“地理”一词源自希腊语的“地球”）并不是希腊独有的，在世界各地的神话、宗教中，这是一种很常见的宇宙观。

托勒密充分利用和总结了古巴比伦、古希腊天文学的观测成果与成就，建立了一套正规模型，这个模型不再以国家为中心，而是以地球为中心，并且能够使用几何和算术方法加以证明。托勒密的著作只有少数得以留存下来，比如《天文学大成》。这无疑增加了它的重要程度，因为它是研究早期古希腊三角学及其创造者的主要资料来源，里面包括古希腊天文学家喜帕恰斯（也叫依巴谷）的数学贡献。

尽管托勒密的著作很重要，但大部分都消失在黑暗时代，直到大约 12 世纪才重见天日，并被翻译成了拉丁文。

为什么是地心说？

一切围着地球转，在一个非专业人士看来，这是理所当然的。显而易见，恒星、行星都在天上移动。站在地表上，人们无法感觉到地球在自转，因此，合理的解释是，其他所有天体都在围绕地球转。

公元 2 世纪，人们就提出一个合理的假设，地球是一个球体，就像其他所有天体一样。从地球上观察，其他天体在天上移动，顺理成章看起来就是在围绕地球运转。这一观点还支持宇宙稳恒状态的观点：星星们都是按照固定的星图年复一年运行的，人们能够准确预测它们的位置。假如地

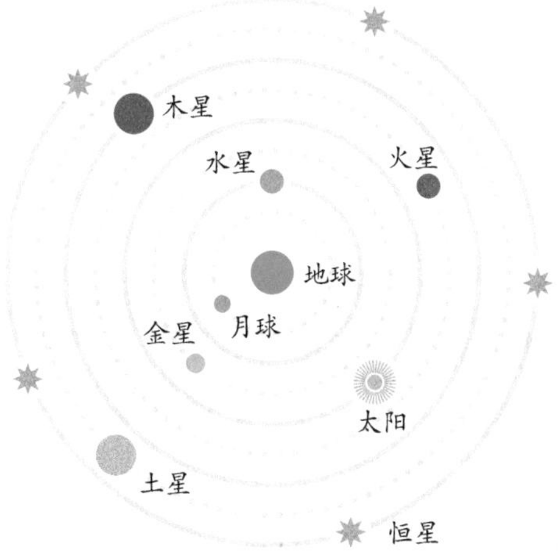

天球：一幅天球示意图，在《天文学大成》中托勒密将所有已知天体都放置在天球上。

球在动的话，星星的位置都将改变。

当时的人们支持地心说模型，还有一个更重要的理由，那就是希腊众神的王座都在奥林匹斯山顶，这是整个宇宙的中心，因此所有天体都得围绕地球转。正是这种宗教解释使得地心说盛行了这么长时间。大多数宗教都接受这种观点，而基督教派尤为支持。所有质疑这种观点的人都会遭到强烈反对，就像哥白尼、伽利略那样。

我们还是应该记住托勒密的宇宙模型。整个中世纪，这套体系都被用来预测天体的运行情况。托勒密在世的时候，尽管也有其他模型（比如太阳中心说）出现，但他的模型更有说服力。直到很久以后，托勒密的地心说体系才显现出严重缺陷。

托勒密的地心说

托勒密在他的巨著《天文学大成》（也称《数学汇编》等）十三卷本中，给出了行星运行的具体年表，编制了星表。在第一卷中，托勒密主要提出5个观点：

1. 地球是一个球体；
2. 地球是宇宙的中心；
3. 地球静止不动；
4. 所有恒星都位于一个天球上，这个天球就像一个转动的实心球；
5. 相对于整个天球来说，地球很小，必须把它当作一个点来看待。

由此我们可以看出，托勒密的宇宙模型以地球为中心，构建的圆形轨道上的天体从里到外依次是：

1. 月球；
2. 水星；
3. 金星；
4. 太阳；
5. 火星；
6. 木星；
7. 土星；
8. 天球（所有恒星）。

然而，这并不是完美的描述。抛开预测不说，仅圆形轨道就漏洞百出。托勒密将这些圆形轨道称为“均轮”，并且规定行星在自己的小轨道

10
20
30
40
50
60
70

"本轮"上运行，同时还得围绕大轨道"均轮"运行。这种描述喜帕恰斯（三角测量法的发明者，托勒密在他的基础上进行了更多推演）已经做过了，不过他只是将其推演到了水星和金星。托勒密的突出贡献在于"偏心距"。他假定整个模型的中心就是地球，但行星运行轨道并不总是集中在地心上，而是存在一定程度的偏心距。这种偏心距影响着行星的运行。托勒密建立地心模型后，专注于利用"轨道中的轨道"来解释各种天象和观察差异。

《天文学大成》还包括一份详细的恒星目录，1022 颗恒星被划归到 48 个星座里，成为古希腊的标准星表，后来又列入现代的 88 个星座当中，并一直沿用至今。这份目录据说盗用了喜帕恰斯的原创星表，不过这种说法是否属实我们尚不清楚。

地心说争议

尽管这个模型表现突出，但并不是每一个人都能接受。一些思想家质疑托勒密的数学运算，他们坚持日心说。早在托勒密之前 400 年，生活在萨摩斯岛的古希腊天文学家阿利斯塔克就提出了日心说。与日心说相比，托勒密体系的轨道模型显然太过复杂，不能清楚地解释恒星们为什么不动，他只是解释说恒星们太遥远了。一个最突出的问题，就是地心说模型无法解释火星逆行现象。虽然该模型显示出，行星都有自己的小轨道（本轮），但有时候火星确实与众不同。它自西向东移动，但有时也会改变方向，向下移动，然后再向东行进，回到正常轨道。这种 S 形运动轨迹并不能用本轮模型加以解释，却成为日心说确立的关键。

但也许最致命的是，到了 15 世纪和 16 世纪，托勒密模型的预测能力开始土崩瓦解，它就像一只廉价手表，开始是秒针不准，然后是分针不准，直到后来时针都不准了。另外，原本预测的日食没有发生，并且使用儒略历推算的春分和秋分也不准确。航海者们被迫使用新的导航法，建立航向姿态系统，直到今天它们还在使用。这一切传递的信息已经很明确，是时候建立一个新体系了，尽管在此之前托勒密体系做得也不错。

遗产：1584年的一幅托勒密画像。托勒密学说的影响力非常持久，一直到18世纪晚期。

第2章

科学革命

伊本·海赛姆论述光

阿尔·哈桑·伊本·阿尔–海赛姆，西方称之为阿尔哈曾（965—1040），是第一个准确描述光的性质以及视觉原理的科学家，也可能是第一个实验物理学家。他的贡献帮助人类开启了改变世界的科学革命之门。

伊本·海赛姆出生在现今伊拉克的巴士拉市，早年曾搬到开罗生活。在那里，他得到了当地哈里发（政教领袖、立法者）对科学研究的资助。他涉猎广泛，包括数学、天文学等许多学科，其中最伟大的成就是著作《光学》。这部七卷本巨著论述了什么是光以及我们是如何感知它的，大部分内容集中描述了人眼是如何感知到光的。尽管书中的很多解释往往都不太正确，但他在第一卷和最后一卷里面准确描述了光是沿直线传播的。他描述了光的折射现象（光线从一种介质进入另一种介质时会改变方向——这种效果显现在放进水中的勺子会出现折断现象上）。与此同时他还提出一个观点，即物体既可以自己产生光，也可以反射其他物体的光。

一个疯子？

伊本·海赛姆搬到开罗后，据说提出了一个大胆的想法：使用机械来调节每年泛滥成灾的尼罗河洪水。哈里发批准了这项水利工程，地点就在今天的阿斯旺大坝。然而，伊本·海赛姆很快发现，以当时的技术和资源，这是不可能完成的任务。由于害怕承担可怕的后果，据说他装疯卖傻，假装疯了，结果被软禁在家，直到哈里发去世。不过正是在这段时间，他在家里写出了大部分著作。

早期物理学家：伊本·海赛姆画像。他是伊斯兰黄金时代最伟大的老师之一，或许还是第一位实验物理学家。

理论开端

可以说伊本·海赛姆是第一个运用科学方法的人（见第56～第59页），这种方法大约在他之后500年才完全发展起来。他从一个坚实的数学理论开始，并基于随机观察以及他同时代人的成果，设计出一些实验来检验他的理论。例如，他在一个实验中通过一个逐渐缩小的孔洞来测量光的强度，并进行了不止两次实验。他建立了一套系统方法来测试设定值，甚至反复实验来测试其可靠性。这些方法如今是大多数实验的标准做法，但在当时是全新的。尽管伊本·海赛姆的方法并不完美，也没有立即流行起来，但他实验的准确性、出版的45部著作，以及涉猎广泛的研究，为他赢得了很多尊重。他的科学研究理念也开始慢慢流传开来，传遍世界，并被伽利略、牛顿等著名科学家所采纳，最终发展成了科学方法。正因为他的思想著作一直到16世纪中叶都很重要，所以伊本·海塞姆常被称为“第二个托勒密”或者“物理学家”。

“遗腹子”拉斯洛五世率先在公文中使用阿拉伯数字

“遗腹子”拉斯洛五世（1440—1457）是一位鲜为人知的欧洲君主。尽管在其统治期间充满王权争斗，但他跟物理学史的关联来自使用阿拉伯数字。

拉斯洛五世是奥地利大公、匈牙利国王、波希米亚国王、克罗地亚国王。1440 年他一出生就继承了奥地利大公的头衔，并且加冕为匈牙利国王。但匈牙利贵族议会宣布加冕无效，并推举波兰国王瓦迪斯瓦夫三世为匈牙利国王。拉斯洛五世和母亲只好寻求奥地利公爵腓特烈五世的庇护，结果被软禁在奥地利宫廷里。

拉斯洛五世就是在此长大、接受教育的。奥地利宫廷是知识分子的聚集地，其中最重要的一位就是“比萨的列昂纳多”，他更广为人知的名字叫斐波那契，是一位意大利数学家，也是最早研究阿拉伯数学理论的欧洲人。拉斯洛五世从小到大一直待在腓特烈五世的宫廷里，直到 1452 年回到匈牙利，并很快成为匈牙利国王。

1456 年，也就是在他去世的前一年，他做出一件史无前例的事情：在国王书信和法庭文件中，他开始使用阿拉伯数字来代替更传统的罗马数字。这是西方世界首次正式使用阿拉伯拉伯数字，似乎也是斐波那契教导的结

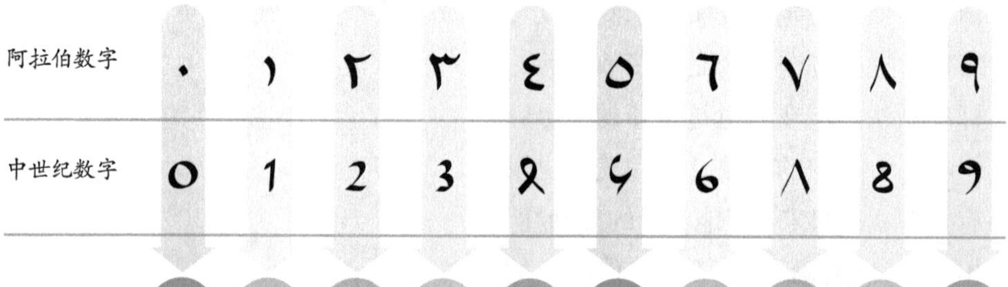

形式演变：阿拉伯数字变成今天我们所熟悉的数字，其实是经过几个世纪演变的结果。

果。后来的印刷机很大程度上加速了这一进程：为了降低成本，印刷界普遍使用阿拉伯数字，因为这样一来只需较少的符号。到 16 世纪中叶，我们今天所熟悉的数字符号，在欧洲的大部分地区已经普遍使用了，又经过几百年，它们被世界各地所采用，如中国、印度尼西亚、俄罗斯。

为什么是阿拉伯数字？

采用阿拉伯数字之前，大多数物理和数学领域都使用罗马数字或希腊数字。尽管这些数字系统功能完备，但它们很难被掌握；另外，人们需要花更多时间阅读它们，而且更容易出错。这是因为这些数字使用的是复合编号系统。为了说明这一点，我们可以看看阿拉伯数字 3807 所对应的罗马数字和希腊数字：

罗马数字：MMMDCCCⅦ

希腊数字：XXXI^{H}HHHΓⅡ

这些数字表述形式是通过把所有数字加在一起来确定最终的数字的，我们必须努力算清楚，才能读懂罗马数字，希腊数字也完全一样。

M 代表 1000，因为有 3 个 M，所以我们得到 3000。

然后是 D，代表 500，合计是 3500。

C 代表 100，3 个 C 就是 300，合计是 3800。

Ⅴ代表 5，Ⅰ代表 1，Ⅶ代表 7。

最终总数是 3807。

当然，应该指出的是，这一时期的人们是通过这些复合数字接触数学并且长大的，他们读这些数字要比你我容易得多。即便如此，阿拉伯数字能被迅速采用的原因还是显而易见的。即使匆匆一瞥，我们也能看出来，472 × 76 还是比 CDLXXⅡ × LXXVI 更容易快速读懂。

物理学里的希腊字母

希腊字母如今仍然存在，并且在物理学中大量使用。许多希腊字母用来表示变量，如 ρ（希腊字母表中的第 17 个字母）表示密度，ω（希腊字母表中的第 24 个字母）表示径向速度。对物理学家来说，π（希腊字母表中的第 16 个字母，表示数学常数 3.14159…）之类的数字就相当于 6 或 42，自从古希腊人发明这些数字以来，它们几乎没有任何变化。

尼古拉·哥白尼的《天体运行论》出版

托勒密的地心说不可能一直应用下去，因为它无法精准地预测天体的运行情况。这个世界需要一套新体系，一位杰出的普鲁士数学家正好提供了一套。尽管知道自己的著作颇具争议和颠覆性，但他也没有料到它会对后世的科学产生多大的影响。

尼古拉·哥白尼（1473—1543）出生于普鲁士（具体说是波兰），是一名博学的学者，曾担任过医生、执政官、外交官和经济学家。作为经济学家，他创立了货币量化理论和格雷沙姆定律（劣币驱良币理论），它们都是非常重要的经济学理论。

他会说拉丁语、德语、波兰语、希腊语和意大利语，还做过一段时间的翻译。很显然，他是一位非常有才华的学者。

哥白尼可能早在1503年就开始研究日心说模型，当时他是他舅舅的秘书（后者是普鲁士朝臣）。到1514年时，他已经写下40页的著作提纲，被称为“小提纲”。这就是《天体运行论》（*De Revolutionibus Orbium Coelestiun*）的前身，在这当中他提出了7个假设（详见本书第40页）。他将这本小册子复印了多本并赠送给自己的朋友和同行，但在有生之年他都没有将其出版。哥白尼并不想公开发表有关日心说的著作，原因很简单：主要学者和宗教势力在社会上施加了巨大压力，试图袒护地心说。1539年，当这部作品广为流传之际，著名的神学家马丁·路德评价道：

> “人们听信一个自命不凡的占星家，他竭力证明地球是旋转的，而不是天堂、苍穹、太阳和月亮……这个傻瓜想要颠覆整个天文学；但《圣经》告诉我们，约书亚命令太阳静止不动，而不是地球。（《约书亚记10：13》）”

《天体运行论》这部著作大约完成于1532年，由6个部分组成，结构与托勒密的《天文学大成》类似，包括月球、行星、恒星，以及解释其运行的数学模型等内容。

挑战教义：哥白尼画像。他一生都不愿公开发表自己的观点，因为他知道这些观点会引起争端。

毕生之作

作为哥白尼的同辈人，约翰·阿尔布雷赫特·威德曼斯泰特（1506—1557）是一位法学家、神学家，发表过一系列以“小提纲”为基础的演讲，包括教皇在内的天主教重要神职人员都曾聆听过这些演讲。演讲引起人们对日心说的极大兴趣，很多聆听者写信给哥白尼，催促他尽快出版作品。1543 年，他终于委托一位朋友印刷了这部著名的《天体运行论》。但他依然担心一旦出版可能会引起很大争议，于是他在序言中给当时的教皇保罗三世写了一段话：

“我很容易想到，只要有人看到天体运行这一章，我把某些天象归因于地球的运动，他们就会大呼小叫。我必须立即跟这种观念一刀两断。其实我并非痴迷于我的观点，更不会漠视其他人的想法。我知道，哲学家的思想不必受制于普通人的评判。因为他努力寻求一切事物的真理。然而，我认为应该避免完全错误的观点。我想，很多世纪以来人们形成的共识已经确认了这个观点，即地球仍然静止在天球中央，如同处在宇宙的中心一样。如果我做出相反的断言，即地球在旋转移动，人们就会认为这是一个多么疯狂的想法。”

1542 年末，哥白尼因内出血或是心脏病发作而病倒，1543 年 5 月 24 日去世。据说在他去世的那一天，他看到了《天体运行论》的初版印刷本，这让他在平静中辞世，因为他知道自己的毕生心血之作已经完成。

当时这部作品反响冷淡，起初 400 本都没卖光。这可能跟这本书复杂难懂，妨碍了很多人阅读了解有关。

哥白尼“小提纲”中的7个假设

1. 天体并不一定围绕一个单点运行。
2. 月球围绕地球中心运行。
3. 所有已知天体都围绕太阳公转，太阳是宇宙的中心。
4. 地球和太阳之间的距离相比于地球和其他恒星之间的距离是微不足道的，因此不会产生肉眼可见的移动。
5. 恒星的移动都是由地球自转引起的。
6. 地球是一个围绕太阳公转的球体，但地球同时进行着一种以上的运动。
7. 人们观察到其他行星存在不规则运动，比如向前和向后运动，这些都是由地球的运动引起的。根据地球的运动规律，我们就足以解释各种天象。

地球轨道：地球距离太阳的最远处被称为远日点，距离太阳的最近处被称为近日点。同样月球轨道也有远地点和近地点。

然而，那些看得懂的读者很快就把它当作《天文学大成》的升级版，开始推动它成为公认的科学理论。

尽管教皇保罗三世对此挺感兴趣，哥白尼也尽量避免跟教廷产生冲突，但教廷很快遭到部分宗教人士的批评，有人鼓噪对该作品及其追随者应该采取严厉措施。1616年，《天体运行论》和其他书籍一道，被天主教廷列为禁书，一直到1758年。尽管教廷竭力打压，但日心说的影响力越来越大，以至于引发了一场革命。

哥白尼革命

哥白尼的日心说模型有很多批评者，其中一些人还提出合乎科学的反对意见。但他开创了一条新思路，因此也有很多人追随。

约翰尼斯·开普勒（1571—1630）就是这场革命的最有力推动者之一，他是一位德国科学家，后来成为著名丹麦科学家第谷·布拉赫的助手。开普勒是他那个时代为数不多的、敢于公开支持哥白尼观点的科学家之一。他继承哥白尼的工作，创造出以他的名字命名的行星运动定律。

1. 所有行星绕太阳运行的轨道都是椭圆，太阳在椭圆的一个焦点上。
2. 在同样的时间间隔内，行星绕着太阳公转所扫过的面积相等。
3. 行星绕着太阳公转的周期的二次方与椭圆轨道的半长轴的三次方成正比。

这些理论抛弃了传统的圆形轨道，取而代之的是椭圆轨道，这是一个巨大进步，几乎解决了所有日心说模型存在的问题。1610年，伽利略还对日心说做出了两项重大发现：木星的卫星和金星的相位。

人们普遍认为，这段被称为科学革命的重大科学进步时期，以艾萨克·牛顿为集大成者。他的著作《自然哲学的数学原理》为行星如何运动以及为什么运动提供了可靠的数学解释，并且与日心说模型、开普勒定律相匹配。事实上，在爱因斯坦提出广义相对论之前的200多年里，牛顿的理论一直没有受到挑战。

一颗新恒星闪耀在夜空

即便地心说受到挑战，但星空仍被认为是不变的。而在 1572 年，一颗明亮的新星出现在仙后座，天文学的基础再次动摇了。

1572 年 11 月初，就在仙后座，一颗新的恒星出现了，它的大小、亮度与金星相当。

从中国到英国，君王们召集了当时最伟大的思想家来解释这一新动向。这到底意味着什么？后来这颗新星逐渐暗淡，直到 1574 年完全从夜空中消失，但它的残骸仍能被观测到。

许多人都目睹了这一现象，其中最重要的一位就是丹麦天文学家第谷·布拉赫（1546—1601）。他一生中建造了大量的天文仪器，甚至建立了一个天文台，当时他掌握着比其他任何人都要精确很多倍的观测数据。他首先相信数学方法，并且支持哥白尼的日心说，尽管他也一直支持地心说模型。因此，他创造了自己的一套系统，试图囊括地心说和日心说。

视差

甚至在这颗新星出现之前，第谷·布拉赫就对恒星固定不变的观点持怀疑态度。他还预测，每隔 6 个月，恒星就会有一个微小视差。视差是静止物体的视觉错觉运动，它实际上是从不同位置观察同一个物体的产物。

其实很简单，用一只手打开你面前的这本书，然后闭上一只眼睛并伸出另一只手的手指放在你与书之间，保持跟书脊对齐。现在交替睁开、闭上双眼，你会发现，手指的位置似乎转移了，尽管它并没有移动。这种被称为视差的视觉错觉运动，确实也存在于恒星中。但是这种运动的位移太微小了，直到 19 世纪早期才被人们观测到。第谷指出，这种无法察觉的移动可以证明恒星一定非常遥远，至少是土星与太阳之间距离的 700 倍（实际上，最近的恒星与我们的距离是土星与太阳之间距离的 29000 倍，不过第谷在技术层面上是正确的）。

大约在这颗新星出现在夜空中

有趣的过去：一幅1596年的第谷·布拉赫画像。在与另一位学者决斗的过程中，他失去了真鼻子，只好安上了假鼻子。

一年后，第谷出版了《新星》（*De Nova Stella*）一书，书中把这一现象命名为超新星。他在作品中指出，由于这个新天体没有视差，它与我们的距离肯定要比月球远得多。此外，由于它相对于恒星的固定位置停留了这么长时间，一定比行星更远，所以它很可能就是天球的一部分。这是一个重大发现。

亚里士多德的世界是建立在“天是不变的”这一观点之上的，但这个证据表明，“天”是可以改变的。这进一步增强了哥白尼体系的可信度，削弱了人们长期以来对宇宙的信念。尽管这颗编号为 SN 1572 的超新星的大致位置早已为人所知，但直到 1952 年，英国乔德雷尔·班克天文台的天文学家们才准确测量出它的位置。在接下来的几年里，SN 1572 又被很多望远镜观测到，它的残骸揭示出一个非常美丽的气体云向外喷发的景象。

什么是超新星？

恒星主要由氢原子构成，它们燃烧聚变成氦，释放出大量能量。最终恒星会耗尽氢，聚变反应产生的压力减小，恒星无法抗衡向内的巨大引力开始向内坍缩。

如果恒星足够大，坍缩时会产生足够的热量，使氦原子融合在一起。这颗恒星最终也会耗尽。一旦足够大的恒星开始坍缩，它们可能会继续沿着元素周期表聚变成不同的元素，但即使是最大的恒星，聚变后的最终元素也会停在铁元素上。

虽然原因有点复杂，但本质上是因为铁原子聚变并不产生能量，相反

恒星移动？这张图显示了在一年中的不同时间点，恒星是如何移动的。1月，恒星B在恒星A的后面，是看不见的；然而在7月却很容易看到，不过恒星C会跑到恒星A的后面。这要看我们从哪个角度观测。

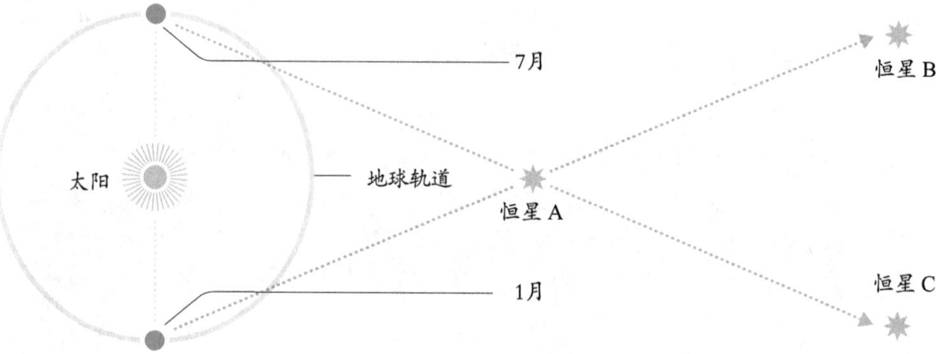

绘制星表

当意识到恒星并不像人们曾经认为的那样静止不动时，很多人认为有必要对恒星进行更科学的分类，其中使用最广泛的分类就是第谷·布拉赫的版本——以他特有而周全的风格绘制的星表。这个星表的条目非常准确，包含大量数据。多年来，人们制作了大量恒星星表。比如《法国天体史》（1801年出版），收录了47390颗恒星。有些星表更专注于非恒星天体（那些与恒星类似，但实际上并非恒星的天体），比如《梅西耶星云星团表》（1784年出版）。如今，最完整的星表之一是SIMBAD天文数据库，其中收录了8455904个天体的信息（截至2016年8月）。

它需要能量，此时恒星完全坍缩。接下来会发生什么，取决于恒星的大小。

如果这颗恒星的质量不到太阳的8倍，它就会变成一颗白矮星。恒星坍缩就此打住，因为不再有向内坍缩的空间，恒星变成一个小而炽热的等离子体球，在数十亿年间慢慢冷却下来。如果这颗恒星的质量是太阳的8～50倍，结果就会变得更有趣。

随着这颗恒星的迅速坍缩，当它的核心质量超过钱德拉塞卡极限（约为太阳质量的1.4倍）时，就会引发内爆。随后，恒星的其余部分以接近1/4光速向内坍缩，导致温度飙升至数十亿摄氏度。这个极端温度使得由中子构成的核心坍塌，导致巨大的爆炸，大约每秒产生10^{44}焦耳的能量，相当于6.3×10^{31}颗核弹爆炸的威力。

不过，SN 1572略有不同，因为这是一颗Ia型超新星。它死后变成了一颗白矮星，而不是超新星。它绕着另一颗恒星运行，并且从中榨取物质，将伴星表面的气体和等离子体拖到自己的表面。这种状态一直持续下去，直到它获得了足够多的质量，达到钱德拉塞卡极限，即太阳质量的1.4倍。这个时候，白矮星内核开始坍缩，变成了超新星。

直到大约100年前，约有8颗超新星被记录下来，但在20世纪，随着空间望远镜的出现，人类以惊人的速度发现超新星，甚至每个月都比过去几千年发现的还要多。

汉斯·利珀希造出第一台实用型望远镜

停下来思考一下，想想看有多么不可思议，直到17世纪早期，所有的天文学家，从柏拉图、亚里士多德到哥白尼、第谷，都只能依靠肉眼观测星空。汉斯·利珀希（1570—1619）发明的第一台实用型望远镜，给天文学家提供了一个全新、强大的观测工具，极大地扩展了他们的科学视野。

自从公元前750年古希腊人制成玻璃凸透镜阅读信件以来，用玻璃来看东西一直是一种普遍做法；用古代哲学家小塞内加的话来说，“看起来既小又暗”。到了16世纪末，透镜和面镜变得越来越流行，制造技术也变得越来越复杂。在威尼斯的慕拉诺玻璃工厂的推动下，意大利的精美玻璃器皿贸易一度相当繁荣。尽管工厂试图守住玻璃制造技术的秘密，但最终它还是传遍了意大利，甚至远至荷兰。

1594年，汉斯·利珀希在荷兰的米德尔堡市创立了一家颇为壮观的工作坊，至于他为什么会有这种想法尚无定论。据说这是他从别人那里听来的主意，也有说来自他的徒弟。还有一个来历源自两个孩子，利珀希注意到当他们把两个镜片叠放在一起时，就会使附近教堂的风向标看起来大得多。利珀希这样做也成功了。

此时正值荷兰与西班牙进行的八十年独立战争（1568—1648）。荷兰军队装备了一种远景透镜，能够让指挥官在战场上看得更远。这种只有单镜头的透镜可以说是望远镜的前身。利珀希抓紧时间，在1594年完成了设计，同时申请专利，并向军方展示了这款装备。紧接着他又设计出双筒望远镜，用水晶打磨的透镜更加耐用。利珀希设计的望远镜很快传遍世界各地，第二年年初以及秋季，人们就可以先后在巴黎和德国买到。

第一台望远镜？

还有另外两个人声称是望远镜的发明人。一位名叫詹姆斯·梅蒂斯，他的兄弟曾在第谷·布拉赫手下工作。他在利珀希申请专利一个月后也递交了一份申请书，并且向荷兰政府请愿，声称在此之前他曾制造过一台望远镜，跟利珀希送给他们的一样好。他表示，只要能得到一点点金钱上的鼓励，他就能造出更好的望远镜。不过请愿书被驳回了。梅蒂斯拒绝向任何人展示他的作品，还立下誓言：在他死后要销毁所有工具，这样就没有人能从他的技术中学到东西了。

另一个自称发明了望远镜的人名叫汉斯·詹森，他声称自己的父亲曾在1590年发明了一台望远镜。然而詹森是一名制造伪币的嫌疑犯，后来被判伪造货币罪。他的妹妹证实他们的父亲制造过望远镜，但时间是在1611—1619年。

所以，望远镜通常被认为是利珀希发明的。不过由于"许多人都知道这项发明"，利珀希的专利申请同样被拒绝了，这在客观上促进了这项发明在世界各地的迅速传播。

望远镜是如何工作的？

汉斯·利珀希设计的是一款折射望远镜。只要对准观测对象，不管是从恒星发出的光，还是任意足够远（通常超过6米）的物体发出的平行光线，都可以被观测。折射望远镜使用凸透镜（向外弯曲的镜面）来折射光线，使平行光线向内弯曲，然后聚焦到一个点上，再次散开。

就在这个焦点后面，一个次级透镜（被称为目镜）再次折射光线，这一次是让发散的光线变成平行光线。这能缩短光线间的距离，使远处的物

望远镜的放大原理：这是望远镜镜头如何放大物体的图解。请注意，眼睛一侧的平行光线显然比物体一侧的平行光线彼此靠得更近。

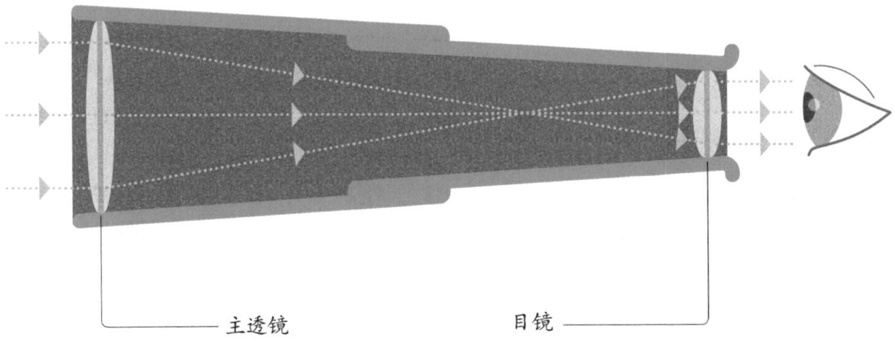

其他类型的望远镜

除了折射望远镜，还有两种主要类型的望远镜：反射望远镜（也被称为牛顿望远镜）和折反射望远镜。这两种类型都使用面镜，而不是透镜，这使得焦距变得更短。

反射望远镜使用的是主面镜而不是主透镜。镜子用来收集光线，然后将光线聚焦到一个较小的副镜上，再反射到一个目镜上（或者一组镜片上），最终将其转换成平行光线射入人眼。不过，这样做需要目镜朝向望远镜的一侧，这就限定了观察方式。

折反射望远镜的工作原理与反射望远镜类似，使用一个较大的主面镜把光聚焦到一个较小的副镜上。不同的是，光线被副镜反射后通过主面镜中心的一个小洞进入目镜。这使得折反射望远镜比同等功效的反射望远镜体积要小。

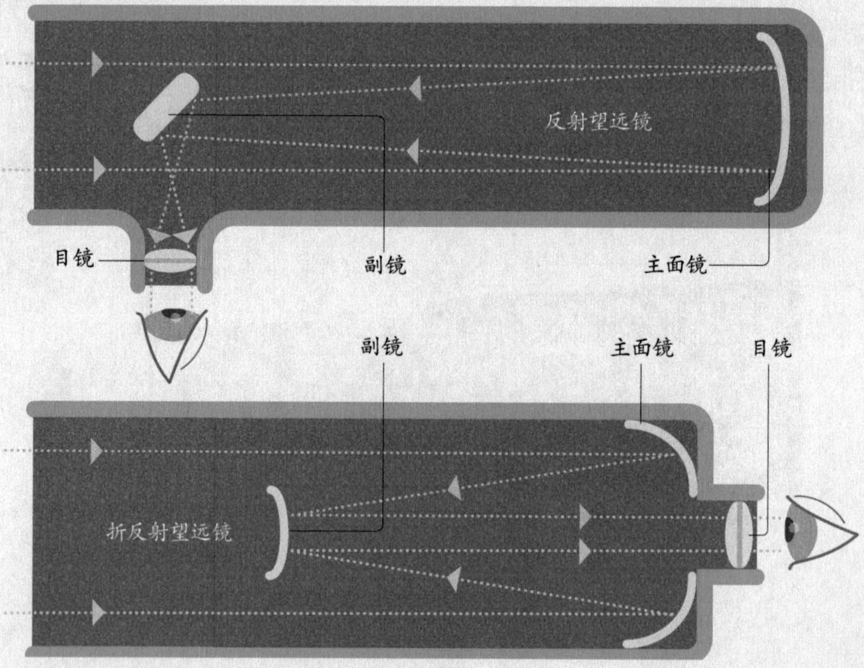

体看起来变大了。不过这样做的效果却是观测对象是颠倒的。望远镜的好坏取决于镜片的质量和大小。质量差的镜片有可能不能正确折射光线，导致图像模糊或者颜色不正。主透镜越大，吸收的光线就越多，从而增加放大率。不过这需要一个较长的镜管，因为从透镜到焦点的距离较长。史上最大的折射望远镜是 1893 年为哥伦比亚世界博览会建造的，之后被安装在美国威斯康星州的耶基斯天文台。其主透镜的直径达 100 厘米，望远镜长达 13 米，以便适应这种长焦距。

微薄的回报：尽管汉斯·利珀希试图从发明望远镜中获利，但他的大部分工作其实都是没有报酬的。

望远镜的使用

天文界很快采用了望远镜。世界各地的人们都在以惊人的速度进行天文观测和发现，而 1610 年伽利略观测到了木星的卫星。成千上万颗新的恒星、行星、卫星甚至其他星系都可以被看到。多亏了这种望远镜，我们才有机会看到遥远的天象，比如行星状星云（恒星诞生地）和巨大的星际尘埃云。

望远镜不仅被天文界使用，而且航海和军事领域也发现了它的用途，它甚至被当时的贵族当作玩物。按照伽利略的话说："哦！这种仪器真叫人赞不绝口，带来的新观测和新发现何时才能结束呢？"

事实上，新观测和新发现从来就没有真正结束过。自从望远镜发明以来，它逐渐变得更大更精确了。限制望远镜发展的因素不再是高性能望远镜的可用性，而是观察夜空更小区域所需要的人力和时间。如今，我们已经把望远镜发射到太空，在那里它可以不受天气和大气的影响，不间断地进行观测。尽管我们做出了最大限度的努力，并且使用大型计算机对我们头顶的星空进行分类和绘制，甚至远远超过了人类所期望的速度，但我们还是做出了大胆猜测，人类只不过看到了可观测宇宙的 1% 而已。随着技术的进步，这个数字甚至会变得更小。

伽利略的“异端邪说”

伽利略·伽利雷（1564—1642）无疑是史上最伟大的物理学家之一。他的很多成就和发现直接促成了科学革命曙光的出现。然而，作为一位革命性的思想家，他常常显得与天主教会格格不入。1633 年，天主教会终于决定对他动手。

1564 年，伽利略出生在意大利的比萨，父亲是一位著名的作曲家和乐理学家，曾尝试通过研究声音的振动来改进乐器。很可能是受到父亲的影响，伽利略从小就对物理很感兴趣，更重要的是，他偏爱实验而不是纯理论。

在父亲的敦促下，他开始在比萨大学攻读医学学位。在那里，他把主要的学习方向转到了数学和自然哲学上。后来，他还动手制造了一个摆钟、一个测温仪（温度计的前身），将其当作教学用具。

1589 年，他被任命为比萨大学数学系主任。1592 年，在他父亲去世后不久，他来到帕多瓦大学执教。

星星信使

大约在 1610 年，伽利略得到了一台望远镜，由此做出了两项重大发现：一是金星表面跟月球表面非常相似，二是木星被 4 个星体围绕着（现在我们知道，那是木星的 4 颗卫星，被称为伽利略卫星）。第一个发现相当重要，因为金星也有相位变化，只能用日心说解释；而木星被其他天体围绕，则证明了宇宙中的所有天体并不是都围绕地球转。

他在著作《星星信使》（*Starry Messenger*）里公布了这两个发现，结果引起很大的争议。然而，很多人不得不承认，他们用望远镜观察后确实得到了同样的结果。尽管如此，还是有人对他的观点表示严重怀疑。

1610 年年末，在写给开普勒的一封信中，伽利略抱怨，很多人连看都不看一眼望远镜就反对他。

1615 年，他的《星星信使》被当作异端邪说，呈送到了梵蒂冈宗教裁

扭曲的真理：作于1636年的伽利略画像。由于跟教皇的私交，他得以免受宗教迫害。但对于那个时代来说，他的观点还是太过激进了。

判所。伽利略听说后，不顾朋友的劝阻，还是赶往罗马，想为自己澄清。

1616年2月24日，宗教裁判所判决：

地球围绕太阳转，观点上愚蠢至极，哲学上荒谬无比，形式上是异端邪说。因为它在很多地方都明显违背《圣经》的旨意。

伽利略被勒令放弃他的信念，也就是日心说，不得教授该观点及为之辩护。宗教裁判所还下令查禁那些赞同日心说的书籍。

软禁

事情看起来已经结束了，但在1632年，伽利略出版了《关于托勒密和哥白尼两大世界体系的对话》，不仅彻底批判了地心说，而且把支持这一学说的人描绘成有眼无珠的白痴。

1633年，他被召到罗马受审。书里那种居高临下的口气，让他在教廷里几乎失掉了所有朋友。当年6月，他被判为“极端的异端主义分子”并为此入狱。这部作品也成为禁书，不得印刷再版。

大概是教皇的命令，判决第二天，他改成在家软禁，给出的理由是“保护那些忠实的读者，免受未经证实的假说的干扰”。这句话的语气很轻，没有引起什么波动。伽利略没被要求忏悔，也没遭受审讯。

但罗马教廷对日心说的立场是非常明确的，对那些相信异端邪说的人坚决斗争到底。正因为打击所谓的异端邪说，教廷与新教国家的关系变得越来越紧张，四面受敌。

尽管也有人同情伽利略的处境，但教廷根本不可能让他出去，去质疑对《圣经》的经典解读。

在整个宗教审判过程中，伽利略仍然是个虔诚的天主教徒。尽管有罪在身，但他跟罗马教廷的很多人还是保持着不错的关系，甚至在他临终前还得到了教皇的特别祝福。

在被软禁之后，他继续做研究与实验，并把手稿送到其他地方印刷出版。尽管教廷试图打压伽利略的著作，

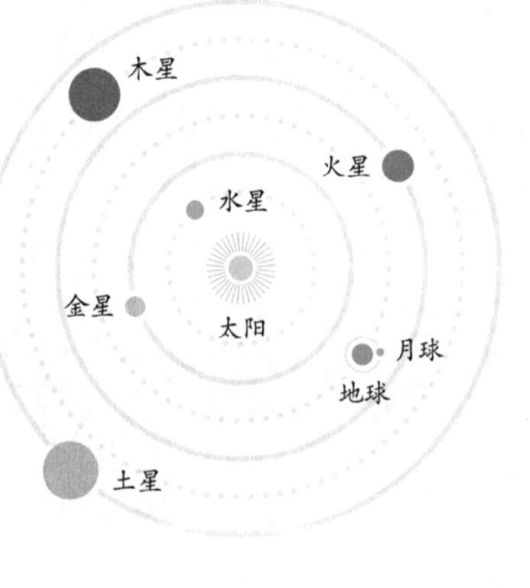

指路明灯：日心说把太阳放到了中心位置，把地球摆到相对边缘的位置。尽管教会反对，但科学无法被忽视。

“现代科学之父”

伽利略几乎受到后世每一位杰出科学家的推崇——从艾萨克·牛顿到斯蒂芬·霍金。即使是伟大的爱因斯坦本人，也把伽利略称为“现代科学之父”。

伽利略建立了一套新的科学方法，也就是实证方法，从此开创了物理学和科学体系的现代进程。这是伽利略留给全世界的最大礼物。

这在今天看来是不可思议的，但在伽利略所处的时代，科学理论不仅可以被接受，而且几乎都是以数学和逻辑学为基础的。只要有数学作支撑，科学理论就是有意义的，就能被接受。

伽利略认为，任何理论都应该得到实验证明的支持。他的方法遵循了以下几个步骤。

1. 观察一种效应，创建一套工作原理的理论。
2. 创建一种数学证明，来解释这种效应。
3. 利用这种数学证明，预测实验的结果。
4. 进行实验操作，看看是否能得到预期的结果。
5. 如果达到预期结果，说明理论是正确的；否则就需要修正理论或者再进行实验操作。

如今大多数科学家做到第二步就停止了，或者只是做实验。

伽利略第一个明确指出：物理定律应该用数学语言来表达。

这种数学与实验相结合的方法，敲响了亚里士多德古典物理学派的最后丧钟。实证方法最终由艾萨克·牛顿归纳定义、推广普及，这标志着科学革命的开启。

但它们变得越来越有影响力，不仅成为反对罗马教廷的核心力量，而且是很多革新思想的源泉。

伽利略去世后

即使是在“伽利略事件”期间，教廷也不是完全拒绝和反对科学本身的。参与审判的红衣大主教罗伯特·贝拉明曾说过：“我们必须承认，《圣经》中那些跟日心说相矛盾的段落是被误解了。”

伽利略去世后，争论很快便被人们遗忘了。1718 年，他的很多禁书再度出版。等到 1741 年，他的所有著作，包括最有名的那本《关于托勒密和哥白尼两大世界体系的对话》全都再版了。随后，相关书籍的查禁尺度也逐渐放宽。1835 年，教廷不再以任何形式反对伽利略了。

1992 年，梵蒂冈教皇约翰·保罗二世宣布，尽管宗教裁判所是在善意行事，但终究是不正确的。他为当年定罪向伽利略表示道歉，并承诺在梵蒂冈城内为他竖一尊雕像。

英国皇家学会成立

英国皇家学会在科学史上是一个非常重要的机构。它旨在通过资助、培训和国际合作来支持和促进科学进步，为科学研究制定一套标准，持续扶助科学家。

英国皇家学会究竟是如何成立的，我们至今还不完全清楚。它由许多个不同团体发展而来，包括格雷沙姆学院和牛津哲学学会。牛津哲学学会由自然哲学家（物理学家）非正式会议组成，成员们开会讨论他们的发现，共同完成实验并解决问题。许多团体坚持新的科学方法，如前所述，也就是理论与实验相结合的新的科研方法。

1660 年 11 月 28 日，在格雷沙姆学院的一次讲座之后，大家召开会议决定成立一所促进物理－数学实验研究的学院。除了实验研究外，该学院每周还要开一次讨论会。1662 年 7 月 15 日，国王查理二世为该组织签署了一份特许状，将其改名为伦敦皇家学会。

从此以后，这个组织变得越来越重要，影响力也越来越大。

科普利奖

英国皇家学会设立了科普利奖，以奖励那些在科学领域取得重大研究成果的科学家。该奖项一直延续至今，是历史上存在时间最长的科学大奖。

1731 年，该奖首次颁发给斯蒂芬·格雷，以表彰他在新的电学实验方面的贡献：“他总是在这方面的发现和改进上投入很大精力以回报社会。”第二年他再次赢得该奖，表彰“他在 1732 年所做的实验”【译者注：静电感应实验】。科普利奖被授予过很多科学伟人，包括约翰·古德里克、斯蒂芬·霍金、彼得·希格斯等。

英国皇家学会：一幅19世纪末的木版画。英国皇家学会会员们在佛里特街（即舰队街）举行会议，艾萨克·牛顿坐在主位。

英国皇家学会最终发展成一个独立社团，不仅利用学术期刊塑造了现代科学的形象，通过各种奖项和奖学金激励科学家成就伟大功绩，而且每年夏季都举办科学展览，吸引公众参与。

《哲学汇刊》

英国皇家学会以自己学会的名字出版了世界上第一本科学期刊——《英国皇家学会哲学汇刊》（简称《哲学汇刊》）。该期刊主要介绍世界各地的天才正在从事的事业、研究和工作。它最初由时任学会秘书的亨利·奥尔登堡私营创办，每月的第一个星期一出版。第一期涵盖了很多话题，包括最新眼镜的改进技术，发现木星上的第一个大红斑，甚至还有一头体形巨大而怪异的小牛犊。杂志的出版职责由学会的历任秘书承担，直到1752年它才正式结束这种非官方角色，之后英国皇家学会要自己承担期刊的编辑和财务责任。

《哲学汇刊》之所以重要，不仅仅是因为它是第一本科学期刊，而且它还制定了许多至今仍在使用的业界标准。一个例子就是科学优先原则：《哲学汇刊》规定，第一个进行实验、提出理论的人或者首个发现者，应该为此获得荣誉。另一种是同行评审原则，由该领域的专家审议新的科学研究是否正确有效，确保研究成果适合发表。

《哲学汇刊》在历史上发表过许多重要论文，介绍了许多重要著作，比如牛顿的第一篇论文《关于光与色的新理论》和麦克斯韦的《电磁场的动力学理论》。

艾萨克·牛顿的《自然哲学的数学原理》出版

艾萨克·牛顿爵士（1643—1727）是有史以来最著名最显赫的物理学家之一。他写作了《自然哲学的数学原理》，巩固了现代科学方法；他倡导经验主义，并通过万有引力和三大运动定律，为我们周围的世界提供了一种解释，从而使物理学掀起了一场革命。

青年时期的牛顿，大部分时间是在伍尔索普庄园跟他的祖母一起度过的。大约12岁时，他被送到格兰瑟姆的国王中学。但后来母亲让他辍学，回农场干活儿。

牛顿讨厌干农活儿，最终在校长的帮助下，他重返学校，继续学业。他成了一名尖子生，并被剑桥大学录取，后来还赢得一笔奖学金，获得了硕士学位。在学习期间，他还解决了一些重要的数学难题，并创立了影响后世几百年的微积分，这是如今几乎所有物理学领域仍在广泛使用的数学方法。

1665年，受大瘟疫影响，剑桥大学暂时停课，牛顿回到了家里。在家期间，他进行了一些堪称伟大的研究与实验，提出了光学理论，首次引起科学界的关注。

艾萨克·牛顿爵士画像：创作于1702年。牛顿是有史以来最著名、最受尊敬的科学家之一。

就在这段时间，可能他看到一个苹果从树上掉下来，这激发他提出了引力的概念。不过，这个故事的真实性值得怀疑。

回到大学后，他成为剑桥大学三一学院的研究员和教师。在那里他开始教授光学及其他物理知识。

后来他担任了三一学院的院长，1672年成为英国皇家学会的会员。大约在1679年，牛顿开始认真研究物体的运动力学，并使用微积分进行计算，尽管这种计算方法最终并没有出现在他的著作里。相反，他在著作中采用了一种当时普遍使用的数学方法。他还研究了开普勒的行星运动三大定律——灵感来自1680年时出现的彗星，他希望能解释这一现象。

一部重要的出版物

《自然哲学的数学原理》（通常简称为《原理》）也许是科学史上最

重要的著作之一。该书于 1687 年 7 月 5 日由英国皇家学会首次出版，且一经出版就几乎立刻改变了物理学的研究方法。

《原理》共分 3 卷，第一卷是有关物体运动的，研究物体在没有阻力（比如摩擦力、空气阻力）时的运动规律。这是一种理想状态，却能够科学地描述天体，比如行星、卫星的运行规律。它很好地证明了开普勒的行星运动三大定律（参见天体运行论，第 38 ~ 第 41 页），以及其他一些天文概念，比如所有球状天体（包括恒星、行星）的问题都可以采用数学方法来处理，可以把它们的质量都集中在一个中心点上，这使得很多计算变得容易多了。

第二卷作为第一卷的延续，引入了之前没有涉及的阻力，还涵盖了许多不同物质的运动规律，包括钟摆、波浪，甚至光。这一卷最实用，但也最常被忽略和遗忘。里面的一些重要观点，如光是一种粒子，在很大程度上已经被证实或者完善。

第二卷也对勒内·笛卡儿（1596—1650）的很多观点直接构成了挑战。牛顿发现，根据笛卡儿的逻辑推理得出的结论跟实际观测的结果并不相符。依照牛顿的观点，一个理论要想正确，就必须精准地与观测事实相符。

在第三卷也就是最后一卷中，牛顿提出了他的万有引力定律，即宇宙中的任何两个物体都是相互吸引的。他接着指出，利用这个定律可以解释地球围绕太阳公转的轨道的不规则性，这两个天体都围绕一个“共同的重心”，这个重心稍微偏离太阳的中心。

牛顿三大运动定律

第一定律：任何物体总是保持静止状态，或者匀速直线运动状态，除非受到外力改变其状态。一个移动的物体，在没有外力的作用下，会一直保持匀速运动。

第二定律：物体的运动变化与受到的作用力成正比。作用力的大小等于物体质量与加速度的乘积。

第三定律：作用力与反作用力总是大小相等，方向相反。每个作用力都有一个等值反向的反作用力。

这本书也支持日心说模型，至少从科学角度看，它是地心说“棺材板上的最后一颗钉子”。由牛顿万有引力定律推导出的一些定律可以适用于整个宇宙。

他还创造了经典场论，由此导致了电磁学理论的形成（参见麦克斯韦定律，第 98 ~ 第 101 页）——这个学科支撑着很多现代科学的发展。

由他发明的微积分已经成为当今物理学中几乎所有数学方法的基础。你很难找出一篇不使用微分、积分，或者微积分的科学论文。

在《原理》一书中，牛顿把发现宇宙的基本规律作为物理学的终极目标。他还完善和发展了伽利略有关现代科学的方法论。他认为如果理论与观测之间存在任何差异，无论多么微小，都可以看作理论是不正确的，至少是不完整的，应该寻找更好的解释。

《原理》代表了科学革命的顶峰，即现代物理学作为一门独特的科学而出现。由此建立的一套科学方法被大多数科学家所接受，真正意义上的科学之门开启了。

牛顿在给英国博物学家罗伯特·胡克的信中写道：“如果说我看得更远，那是因为我站在巨人的肩膀上。”这是一位非常有见地和谦虚的人的言辞。他概括了科学成就是由许许多多人终其一生的努力，并建立在别人工作的基础之上才取得的。

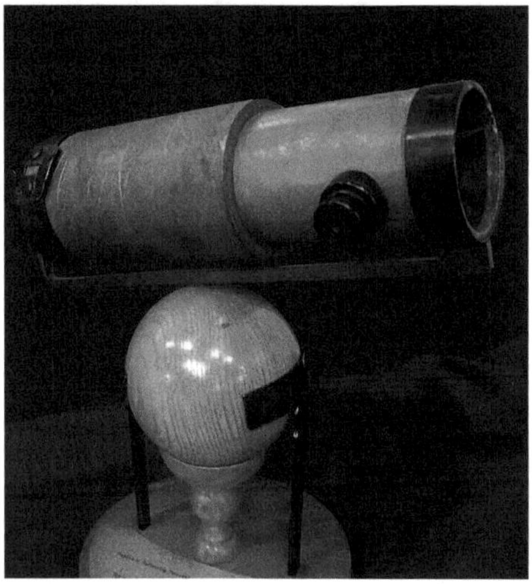

牛顿的望远镜：这台保存完好的望远镜是1672年牛顿制造的第二台反射望远镜的仿制品。

《原理》的重要性在于它成功颠覆了人们的常识，引入了许多新定律，并把物理作为一门独立的科学。《原理》这项成就成了物理学的基石。从天文学到流体力学，从机械力学再到形而上学，在接下来的 200 年的物理学发展进程中，几乎所有物理理论都以某种形式依赖于牛顿的《原理》。

丹尼尔·加布里埃尔·华伦海特发明水银温度计

温度的定义与测量一直是一个特别棘手的问题。丹尼尔·加布里埃尔·华伦海特（1686—1736）不仅发明了一种精确、易用的仪器，而且引入了第一个标准温标。

测量温度是获知物质里拥有多少能量原子的最简单方法。温度是人类与生俱来的感觉，但在很长一段时间里，测量它几乎是不可能的。温度计的工作原理依赖于两个定律：热膨胀定律和热平衡定律。

任何物体或物质在加热时都会变大，冷却时则会收缩。正常情况下，这种变化非常小，几乎不会引人注意。我们也可以在日常生活中看到这种变化的影响，比如人行道上的裂缝，这些裂缝很可能就是由昼夜交替形成的温差让路面反复扩张、收缩造成的。

热平衡定律指出，当两个物体接触时，热量会从较热的物体流向较冷的物体，直到它们处于相同的温度。

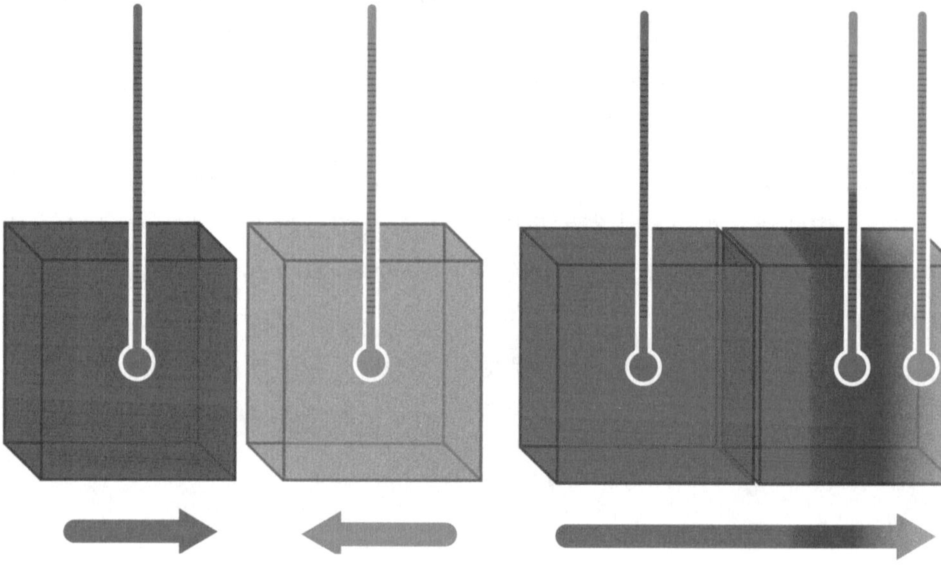

这在我们周围的世界里很容易看到。例如，把一杯热茶长时间放置，就会导致热量流向它所在房间的空气中，从而使茶冷却下来。同样，冰激凌如果放在比较暖和的室内就会很快融化。

温度计就是利用这两个定律来工作的。选择一种已知膨胀系数的物质，这意味着当它被加热时，我们可以知道它会膨胀多少。然后把它放在我们想要测量温度的物体上。经过一段时间，当这两种物质达到了相同的温度后，我们只要测量一下被测试物体膨胀了多少，就可以将其转化为温度的变化。

第一个温度计

温度计在华伦海特所处的时代并不稀奇。第一个有记载的温度计是伽利略在 1593 年发明的，不过它只是一个简单的基于水的装置，只能告诉人们一个物体是变热了还是变冷了，或者保持不变。1612 年，意大利医生圣托里奥改进了这一装置，发明了一种带有刻度的仪器，可以测量特定的变化量。然而，这种使用空气的装置会因气压的变化而膨胀或收缩，所以测量结果非常不准确。1654 年，托斯卡纳大公解决了这个问题，他把测量材料密封在一个玻璃管里。这不仅确保了装置不会受压力变化的影响，而且允许在液体中使用该装置。然而，他采用酒精作为测量物质，这也是非常不可靠的。

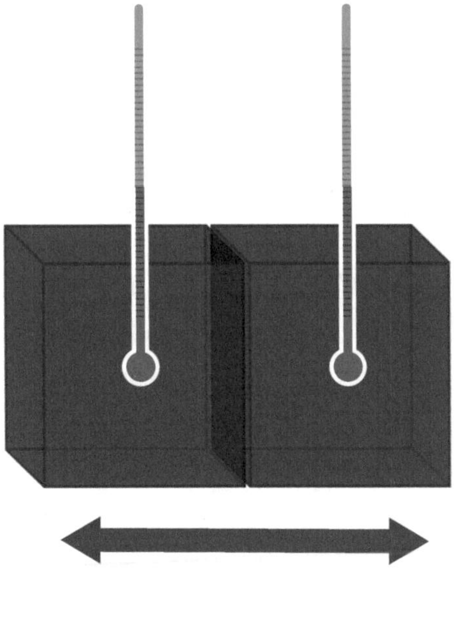

丹尼尔·加布里埃尔·华伦海特最初在阿姆斯特丹受训，并成为一名商人，后来定居海牙，成为一名玻璃吹制工。由于对温度计测量的不准确性感到不满，他开始着手改进温度计。他决定使用水银作为内芯，因为水银的膨胀幅度要比酒精更容易测量。他运用最新的玻璃吹制技术来制造更精密的温度计外壳，结果制造出了有史以来最精确的温度计。这是一个非常有效的装置，我们今天使用的温度计与当初的设计非常相似。

热平衡：该图描述了热平衡定律。能量从较热的物体转移到较冷的物体，直到二者达到相同的温度。

设定标准

水银温度计是一项重大成就。华伦海特对物理学的最大贡献是看似常识性的创造——一种标准刻度表。以他名字命名的刻度表基于3个相对较新的固定温度点：0华氏度（约–17.8摄氏度），是氯化铵、水、冰三者混合达到平衡点时的温度；32华氏度（0摄氏度），是水表面开始结冰时的温度；96华氏度（约35.6摄氏度），是人体温度，通常是将温度计放入口中测量的温度。尽管这些温度听起来并不特别科学，在实验室里却很容易实现，这意味着每个人都可以在相同的温度下从事研究工作了。

这也许看起来并不那么令人印象深刻，但在科学领域，标准化是非常重要的。想象一下，如果没有一个标准化的测量系统，仅凭双手测量电视机来决定你选购哪个电视柜放置电视机，买来的电视柜可能太大或太小，因为店主的手跟你的手大小不同。而使用标准化的量尺，比如公制单位为厘米、米的尺子，就会避免这种情况发生。

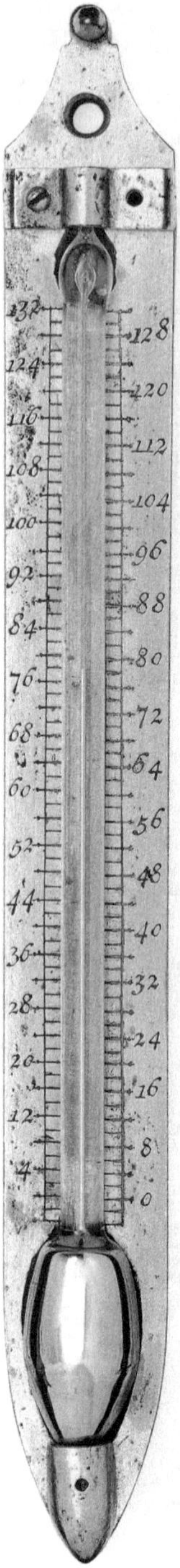

华氏温度计：一支装有水银芯的玻璃制华氏温度计。

尽管现在看起来很荒谬，但在古希腊和古埃及时代，人们确实用手来测量跨度。但如果你要使用一种新的化合物，说明书告诉你它会在50摄氏度时点燃，而你使用不同温标时却没有意识到，可能就会发生爆炸。

华氏温度引入标准化后，随之而来的是基于温度的各种实验的热潮，比如各种材料受温度的影响，以及它们之间的相互作用。如果不能准确测量温度的话，温度通过改变反应速度、阻力和压力等变量，也会影响实验。正是出于这个原因，科学论文开始记录实验时的温度。现代实验仍然采用标准温度和压力状态（0摄氏度和1标准大气压）。

温标变化

1724 年，人们对华氏温标进行了调整，采用更精确的参考点，比如水银的沸点 300 华氏度（148.9 摄氏度），这样一来水的冰点和沸点相差 180 华氏度。这使得各种方程的计算变得容易多了，并且很快被应用到新的温标上，其中使用最广泛的就是摄氏温标。它把水的冰点设为 0 摄氏度，沸点设为 100 摄氏度，这明显更适合现在广泛使用的公制单位。然而，科学界公认的温标是开氏温标。它把 0 开尔文设为绝对零度，这是可能达到的理论上的最低温度（约为 –273 摄氏度）。摄氏温标是瑞典人安德斯·摄尔修斯确立的温标的改进版。尽管摄尔修斯（Celsius）和摄氏度（Centigrade）这两个词可以互换使用，但这两个词的英文拼写并不相同。只是这两种方法都将水的冰点设在 0 摄氏度，沸点设在 100 摄氏度。

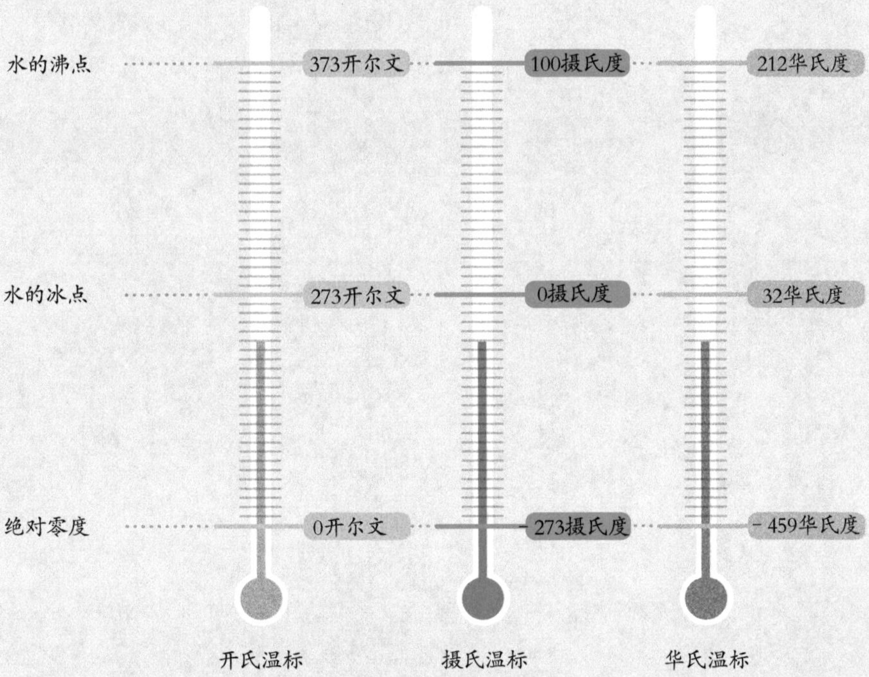

第3章

经典物理学

欧拉恒等式（也叫欧拉公式）发表

物理学与数学密不可分。我们一次又一次地看到物理学的基本定律抛出一些数学常数。瑞士数学家欧拉（1707—1783）就将一些数学常数用在他著名的方程中，这个被称为欧拉恒等式的关系式一直被视为一个能够体现数学之美的经典范例，向我们展示了数学的内在联系。

乍一看，欧拉恒等式似乎不太令人印象深刻，我们也不是很清楚其作用，但你不要被它愚弄了。

$$e^{i\pi}+1=0\text{（欧拉恒等式）}$$

它以一种非常简洁的形式结合了许多基本的数学运算和常数。在了解这个恒等式之前，我们需要快速了解 e 和 i 的定义。

e

自然常数 e 是一个无理数，这意味着它小数点后的数字有无限多个，并且不循环。当你试着计算下面的方程时，就会得到：

$$1+\frac{1}{1}+\frac{1}{1\times2}+\frac{1}{1\times2\times3}+\frac{1}{1\times2\times3\times4}+\cdots+\frac{1}{1\times2\times\cdots\times\infty}=e$$

这是一个无穷级数，叫作泰勒级数，在物理中经常出现。牛顿的许多微积分思想都是建立在这些无穷级数基础上的，而 e 在其中起着至关重要的作用。因为 e 是无限的，所以不能被准确地计算，但是我们能够计算出它第一万亿左右的位数，并且大多数计算都只使用前三到四位数。例如，NASA 只采用 e 的小数点后前 16 位数（2.7182818284590452），且运用在很多地方，比如计算力和物体的振动时，甚至用在相对论里。

i

i 是 –1 的平方根。它是一个虚数，这意味着它代表了一个数学结果，而根据通常的数学系统，这是不可能的。所以我们用 i 来表示那些原本不可能的计算，包括跟波动有关的计算，而这正是量子力学、热力学、光学的基础。

π

π 是一个符号，你一定已经见过它。这是一个特殊的数字，在数学中占据着非常重要的地位。它代表的是一个圆的周长和它的直径的比值。也就是说，把圆展成一条直线并测得其长度，如果已知圆上两点通过圆心

高度赞誉：18世纪中期创作的一幅莱昂哈德·欧拉的画像。他创造的公式被誉为“最非凡的数学公式”。

之间的距离，两者之间的比值就是 π。这个比值适用于任何圆，无论圆多大或多小，这个比值永远都是 π（3.1415926…）。因此，π 的特性在很多数学场合都会用到，尤其是当你处理圆和角的问题的时候。

欧拉恒等式为何如此特殊？

i 和 e 代表着抽象的数学概念，欧拉恒等式的重要性在于，它把大多数人都熟悉的常数联系在了一起。这个方程允许把复数函数（包括虚数部分）转换成有用的东西。它的实际功能是将笛卡儿坐标系（通常标有 x 轴和 y 轴的坐标图）转换为极坐标系（一个基于圆与定点的角度和半径的系统），从而让绘制多种类型的数据图形变得容易了一些。

欧拉恒等式中的 5 个常数 e、i、π、1、0 都是物理学中最常见的，你在物理学的大多数计算公式中都可能找到其中一个，在这里我们却发现它们都在一个方程中。将如此简洁明了的方程与我们使用的众多数学知识和诸多物理概念联系起来，这是一项重大成就——它让我们更接近于发现一个可以描述一切的公式。难怪伟大的物理学家理查德·费曼称这个恒等式为“最非凡的数学公式”。

哈雷彗星如期而至

哈雷彗星是一种壮观的天象，每隔76年左右就会出现在我们的夜空中。早在公元前240年它就被人类观测到了，但直到1705年，英国天文学家埃德蒙·哈雷（1656—1742）才首次准确预测到彗星的回归时间。

彗星在历史上经常出现，并经常被看作来自神灵的预兆或信号。早期天文学家通常认为它们是由大气发生的某种事件引起的。然而，第谷·布拉赫通过三角视差法研究发现，它们距离地球至少比月球还要远。

1705年，哈雷发表了学术论文《彗星天文学论说》，他用牛顿最新发表的定律测算出了土星、木星对彗星的影响。这意味着他能够计算出大约76年的彗星轨道周期（彗星绕太阳运行一圈所需的时间）。这样他就确定了历史记录中的3次目击彗星事件其实是同一颗彗星的回归现象。有了这些知识，他预测彗星将在1758年再次出现。

1758年12月25日，一位德国业余天文学家率先发现了这颗彗星。第二年的3月中旬，人们用肉眼看到了这颗彗星。估算这颗彗星出现日期的微小差异，是由木星和土星的微小扰动产生的，但当时哈雷并不知道这一

什么是彗星？

彗星主要由尘埃和冰构成，因而也被称为“脏雪球”。此外，它们还有少量其他化学物质，如甲烷、氨、二氧化碳。它们的大小各不相同，小的如巨石，大的如城市（哈雷彗星长约16千米，宽8千米，高8千米）。

跟其他天体一样，彗星也是被引力拉进恒星轨道的。不过，跟行星、小行星不同的是，彗星在接近恒星时会变暖，导致冰逐渐融化，释放出的物质形成了彗星特有的尾巴。彗星经常被描绘成拖着长长的尾巴在运动。事实上，不管彗星的运动方向如何，其尾巴总是指向远离太阳的方向。

点。不过，就在1759年彗星出现前不久，其他天文学家计算出了它的出现日期。尽管哈雷的预测相对来说并不准确，但他还是成功预测了彗星的回归，证实了彗星围绕太阳运行，也为牛顿定律提供了确凿的证据。可惜的是，哈雷在1742年就去世了，享年86岁，没能活到自己预言成真的那一刻。不过为了表彰他的成就，这颗彗星此后便以他的名字命名。

哈雷彗星：1986年复活节岛上的人们拍摄的哈雷彗星照片。彗星的尾巴总是指向远离太阳的方向。

哈雷彗星的历史

由于知道了这颗彗星会周期性回归，人们开始在历史资料中寻找关于它的早期目击记录。第一次有记载的目击事件发生在公元前240年的中国。公元前164年和公元前87年，古巴比伦人也有记载。从那以后，每当看到这颗彗星，世界上的某个地方的人都会记录下来，其中就包括著名的巴约挂毯，上面记录了1066年诺曼人入侵英格兰的黑斯廷斯战役。

这颗彗星上一次出现是在1986年，当时它的大小几乎是以前的4倍。欧洲、日本的航天机构都发射了探测器对其进行研究，这些探测器为人类提供了前所未有的彗星形成及构成等方面的宝贵资料。欧洲空间局在罗塞塔任务中采用了这些资料。2014年年底，罗塞塔空间探测器部署了一个名叫“菲莱”的着陆器，成功降落在67P/丘留莫夫–格拉西缅科彗星的彗核表面上。

哈雷彗星下一次出现在我们星空中，预计是在2061年7月28日，到时候它的视星等将达到–0.3，比夜空中的大多数星星都要亮。再下一次回归将在2134年，到时候它将会更靠近地球（距地球的距离为现在的1/10），视星等约为–2.0，将比木星还要亮。

约翰·古德里克扩展了星空的范围

我们都知道星星在闪烁。自古希腊时代以来，许多天文学家就知道有些星星的亮度会发生变化。英国天文学家约翰·古德里克（1764—1786）把找出这种现象的原因作为自己的使命，在此过程中他发现了食双星，扩展了我们对宇宙认识的尺度。

古德里克出生于英格兰约克郡的一个小贵族家庭。他早年得过猩红热，结果失聪了。他被送往托马斯·布莱德伍德学院，这是一所位于苏格兰的聋哑学校，在此期间他对数学和天文学产生了兴趣。在苏格兰住了一段时间后，他又回到约克郡，住在约克市。他很快和邻居爱德华·皮戈特（1753—1825）建立了友谊，因为他们都热爱天文学，都对“变星”感兴趣。变星的亮度是可变的。爱德华的父亲拥有当时最大、最精密的私人天文台，古德里克可以随便使用。

古德里克把大部分时间都花在研究英仙座的一颗恒星（Algol A，中国称大陵五 A）上，它的可变亮度早在1670 年就第一次被赫米尼亚诺·蒙塔纳里（1633—1687）发现。经过多次观察，古德里克提出了两种可能的解释。第一种可能是这颗恒星有较暗的一面，或者表面存在某种暗区（可能是太阳黑子聚集区），这使得它在旋转时出现周期性的变暗现象。第二种可能是这颗恒星被一个非常大且亮度明显很低的天体环绕，这个观点被证明是正确的。

双星

恒星是由巨大的尘埃云形成的，这些尘埃云被称为恒星星云。由于众多恒星都诞生在同一个空间区域，所以一些恒星开始围绕同一质心公转也就不足为奇了。尽管两颗以上的恒星系统也会出现，但它们通常并不稳定，而且会迅速坍缩，这意味着它们更加罕见。

如果两颗恒星的轨道与地球的视线在同一平面上，那么其中一颗恒星

短暂一生的成就：1785年创作的一幅约翰·古德里克的画像。遗憾的是，就在他当选英国皇家学会会员没几天，未满22岁的他便英年早逝了。

就有可能转到另一颗恒星的前面，挡住来自后面天体的光线。当一颗恒星从另一颗恒星前面经过时，就会像日食一样导致到达地球的光线减少，亮度自然也就减弱。这种亮度快速减弱的现象可以告诉我们两颗恒星运行的速度有多快，减弱的程度还能告诉我们这两颗恒星的大小。

古德里克研究的大陵五，其亮度变化就是由这种原因引起的。实际上大陵五是个多星系统，跟另外两颗恒星绕行在一起。不过第三颗恒星大陵五 C 与两颗主恒星的距离，是两颗主恒星之间距离的 40 多倍，而且也不在同一个平面上，所以并不影响整体的亮度。

主恒星大陵五 A 的大小是太阳的 4 倍，亮度是太阳的 100 倍。第二颗恒星的大小是太阳的 5 倍多，但亮度只是太阳的 3 倍。

造父变星

古德里克观察了大量变星，但他很快意识到，造成它们亮度变化的原因并不完全相同。他发现位于仙王座的仙王座 δ 星（中国称造父一）的视星等为 3.5 ~ 4.4，且呈周期性变化，这种变化不是由恒星耀斑或者食双星造成的，于是他将其归类为“造父变星”。

造父变星是巨大的、富含金属的恒星，通常是超级巨星——比太阳的直径大 100 倍的恒星，亮度高达太阳

共同的中心：一幅有关双星系统如何保持稳定运行的图解。请注意，两颗恒星围绕一个质点（中心点）运行，而不是彼此绕行。

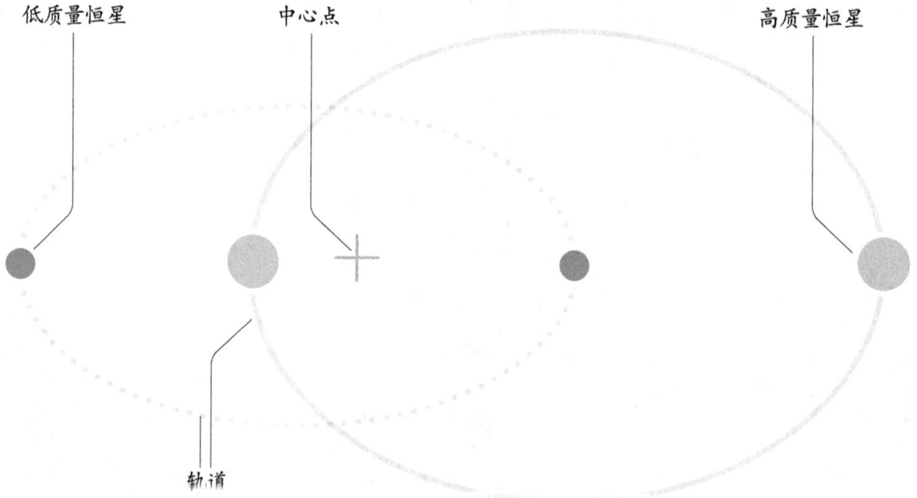

什么是视星等？

视星等（一般简称星等）是一种衡量天体亮度的指标，其数值越小，天体就越亮。星等为5级以上的天体不够亮，几乎无法被肉眼看见，需要借助望远镜。通常木星的星等为–2，满月的星等为–13。我们在地球上看到的大陵五通常星等为2.1，但当大陵五B经过大陵五A前面时，大约10小时内，这个数值会降到3.4。这种亮度降低的情况每2.86天发生一次，因此我们知道大陵五B围绕大陵五A运行，轨道周期是2.86天。

的50000倍。不过，真正与众不同的是它非常有规律的脉动。由于恒星生命的末期氢燃烧的情况不太稳定，恒星会不断收缩和膨胀，有时候胀缩会造成它的直径减少1/4，甚至失去超过一半的体积。每次胀缩就像脉搏跳动一样有规律，不过真正令人惊奇的是，恒星脉动周期与光度变化有着非常紧密的直接关联。

要想测量天体距离我们的远近绝非易事，毕竟距离太过遥远。三角视差法是以地球绕太阳的平均轨道半径来看一颗恒星在对角的角度，通过观测视差、测量角度和使用几何学运算方法来确定恒星与我们的距离。不过这种方法只适用于300光年以内的恒星。其他几种测量方法都不够精确，只能给出估计值。然而，我们可以精确测量出造父变星的视星等变化周期，进而算出它的亮度。恒星距离地球的远近可以通过它看起来的亮度来确定，而不是它实际有多亮。

从这些计算中不难发现，宇宙远比我们认为的要大得多：由皮戈特发现的恒星天鹰座 η（中国称天桴四）距离我们1400光年，而狐狸座SV距离我们11000光年。如今我们采用一些方法，可以测量更大尺度的距离，比如Ia型超新星，当它们爆炸时总会发出同等量级的光，由此可以测量数百万光年的距离，甚至可以测出星系远离我们的红移现象，但这一切都是从古德里克开始的。

古德里克的不幸

1786年4月16日，因为发现食双星的重要贡献，古德里克被选为英国皇家学会会员，但这一消息从未传到他的耳朵里。就在他当选4天后，正式通知他之前，古德里克不幸死于肺炎，还未满22岁，一般认为这跟他长时间熬夜待在天文台有关系。

公制被引入法国

标准化的度量体系可能不会激发人们的想象力，却代表物理学史上的一个重要发展阶段。如果所有科学数据都按照你个人的习惯和分类使用，那么要想使用其他科学家的研究成果几乎是不可能的。引入公制体系就是为了解决这个问题。

公制由十进制单位组成，十进制单位是以数字10为基础的，所以1千克由1000克组成，1升等于1000毫升。该系统最初由英国科学家约翰·威尔金斯（1614—1672）提出，作为“科学的通用语言”。

1795年，法国革命政府通过一项法案，在法律上确定了一种新度量体系。新体系基于十进制，被认为更加民主，因为可以让所有人在任何时间使用，不仅仅是社会精英。

十进制时间（时间）：一天被分成10小时，每小时100分钟，每分钟100秒。每周有10天，每月有3周，一年共有12个月，每年最后有额外5天（闰年6天），这样保持一年365天的总数。

百分度（角度）：每个圆的1/4等于100百分度，每个圆等于400百分度。

米（长度）：1米等于从北极穿过巴黎到赤道的千万分之一的距离。

克（质量）：1立方厘米水的质量。

法郎（货币）：一法郎等于100分（生丁）。

这个新的标准化度量体系很糟糕，执行得也很仓促，普遍不受欢迎，因而在1812年被叫停，法国又回到旧的帝国模式。直到1837年被重新引入后，科学家们才开始广泛使用标

公制的传播

1795年法国已完全采用公制，尽管在接下来的100年里出现了一些麻烦，但它还是慢慢传遍了法国以及欧洲的其他大部分地区，随后又在中东、俄罗斯、中国等地生根发芽。随着1960年国际标准单位制开始在一些国家使用，后来差不多全世界都采用了公制。

准化的度量体系。

大革命：法国大革命的一个场景，这是采用公制的一个重要因素。

国际标准单位

毫无疑问，你已经注意到前面提到的公制与我们现在认为的公制并不一致。

这是因为公制经过了多年的调整，包括在采用了更多的测量方法后，收录了更多的物理量，比如能量、温度，还改变了一些单位，这样更容易在全世界范围内广泛使用。

现代公制属于国际标准单位制，或称国际单位制。尽管保留了米、克等大部分十进制单位，但也采用了秒、角等非十进制单位，并且通过更精确的测量方法来定义单位，例如 1 米是光在真空中行进 1/299792458 秒的距离。这一制度随后被世界各地所接受，由此促进了科学在全世界范围内的传播。

亨利·卡文迪许算出 G 值

艾萨克·牛顿在 1687 年出版的巨著《自然哲学的数学原理》中将引力定义为未知的常数 G——引力常数。100 多年后，英国科学家亨利·卡文迪许（1713—1810）计算出了这个常数。

牛顿万有引力定律可用下面的数学公式来表示。

$$g = \frac{Gm_1m_2}{r^2}$$

其中，g 是两个物体之间的引力，m_1 和 m_2 分别是物体 1 和物体 2 的质量，r 是物体 1 和物体 2 间的距离。剩下的 G 就是引力常数，顾名思义，常数值是不变的。

使用 G 主要是在数学表达上，考虑将质量与距离的运算结果转换为引力的正确单位。卡文迪许是第一个进行相关实验并计算出结果的人。

在剑桥大学学习后，卡文迪许搬到了伦敦。他父亲是英国皇家学会的重要人物，因此卡文迪许得以参加皇家学会举办的各种会议、讲座还有晚宴。1760 年，年轻的卡文迪许当选为皇家学会会员。他是一名积极分子，在学会里兼任多个职位。他的科学成就多种多样，尤其因为发现了氢气而名声大噪，他把氢气称为“可燃空气”。

卡文迪许实验的目的是为了计算地球的密度和质量。通过实验，他计算出地球的密度约为 5.448 克 / 立方厘米，如今采用更精确的测量设备，

卡文迪许果真计算出了G？

卡文迪许没有在一开始就去求解 G 的值，也没有在他的论文中明确说明，所以 G 值真的是他计算出来的吗？有些人认为不是。不过，G 值的确是通过他的计算和实验才得出的，包括理查德·费曼在内的很多著名物理学家都认为，这就是卡文迪许的功劳。

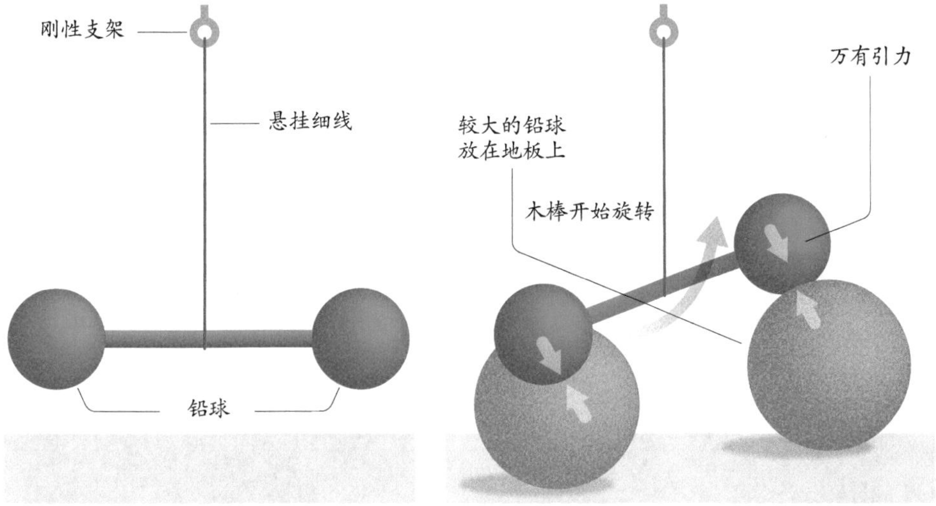

卡文迪许实验：这张图显示了卡文迪许实验所用的装置。这个装置被放在一个密闭的木棚里，以确保免受外界的干扰。

得出的结果是约 5.51 克 / 立方厘米。采用这一数值，算出地球的质量，并且代入牛顿引力方程，我们会得出 $G = 6.74 \times 10^{-11}$ 牛 · 米 ^{2}/ 千克 ^{2}，而今天这一数值为 6.73×10^{-11} 牛 · 米 ^{2}/ 千克 ^{2}。

实验本身

这个实验采用的是悬挂装置，用一根细线吊着一个木棒，木棒两端各有两个大小不同的铅球，大得多的铅球放在小铅球的附近。借助大球对小球的引力，木棒缓慢旋转，直到细线产生的反向力矩与大小球之间引力的力矩平衡为止。通过测量木棒转过的角度，就能知道细线扭转后产生的力矩，进而得出大小球之间的引力。再结合小球的质量，用这两种力的比值就可以计算出地球的密度，其值大约是已知水的密度的 5.45 倍，这样就可以大体算出地球的平均密度。

细线扭转产生的力非常小——大约只有小铅球重量的 1/150000000，所以这个实验必须非常小心地控制，防止微风、温度等其他任何因素的干扰。为了做到这一点，实验是在一个木头盒子里进行的，这个盒子放置在一个小木棚里，木棚只开了两个小孔用来放置望远镜，以方便卡文迪许观察。这可能是当时最精确的实验。

托马斯·杨的双缝实验

光的本质是什么？它是波还是粒子？这是科学界一直以来争论最多的问题之一。艾萨克·牛顿爵士支持“光的粒子说”。不过也有许多人不相信光是粒子，认为光其实是一种波。1802 年，托马斯·杨（1773—1829）做的双缝实验证明光是以波的形式存在的。

人们普遍认为托马斯·杨是一个了不起的人。他出生在英格兰的萨默塞特郡，是一个大家族里的老大。十几岁时他就会说 14 种语言。1799 年，他在伦敦西区成立了一间诊所。行医期间，他把大部分精力投入到科学研究和撰写论文上。1801 年，杨被选为英国皇家学会自然哲学教授，做了两年多的讲座。1807 年，他出版了《自然哲学与机械工艺课程》一书。

光是波还是粒子？

1800 年，杨向英国皇家学会提交了一篇论文，证明光是一种波。这篇论文备受质疑，但并没有吓住他。杨按照自己的想法继续研究，用水波来阐释他的光波理论。1803 年，他用光进行了著名的双缝实验，实验结果证明光的确是一种波。

波能够通过一种叫作干涉的过程相互作用。想象一下海洋表面的波浪：由波峰和波谷——水的高位和低位组成。两组波浪穿行于海洋表面，然后相互碰撞：当一个波峰与另一个波峰相遇，水的总高度将会增加，以便容纳所有的水。同样，当两个波谷相接时，水面下降的幅度将是原来的两倍。相长干涉是指两种波合并后变得更大的现象。相消干涉则描述了波峰与波谷相遇时，形成的波的高度小于初始波的高度。

当我们把一块石头扔到湖里或池塘里时，会看到波浪以圆圈的形式从石头处散开。如果我们同时放入两个粒子来制造涟漪，将发现这些波也会相互干扰。

现在，如果我们站在海岸线上，测量到达岸边的水波的高度，就会发

托马斯·杨：尽管他挑战了那个时代最受尊敬的科学家，但他以自己的严谨性保证了实验的结果是正确的。

现由干扰引起的一种模式。与两块石头等距离的点总是最高的波峰，其次每一边都是低的波谷。再下一个波峰会略低，再下一个波谷会略高，这种模式一直持续，直到波纹太小无法察觉。不管两块石头间的距离有多远，也不管它们离海岸有多远，我们都能看到这个图案。我们把海岸线产生的波阵面（同一时刻，介质中振动相位相同的所有质点形成的面）称为衍射梯度。

知道了波阵面会出现所有类型的波之后，托马斯·杨设置了一个单独光子发射器。将它对准刻有两条狭缝的金属片，光子穿过狭缝，射到金属片外侧的墙上。考虑到将有同样数量的光子通过每一条狭缝（可看作落入水中的石子），如果光确实是一种波的话，那么应该能在墙上看到相长和相消的干涉现象，预期会形成一种明暗条纹相间的图样。

博学家

托马斯·杨不仅是一位伟大的物理学家，而且是一位受人尊敬的医生。他利用波动理论解释了血液是如何工作的。他还研究人眼，描述散光和三色视觉。

值得一提的是，杨对翻译罗塞塔石碑上的文字（1799年发现的刻在石碑上的古埃及文字）做出了重大贡献。他的研究成果很可能为让－弗朗索瓦·商博良（1790—1832）在1822年彻底破译罗塞塔奠定了基础。

逐渐认识

杨的实验确实产生了和预期一样的结果，由此证实了光是一种波。不过他受到了公开攻击，作为一位治学严谨的科学家，他名誉受损。他的演讲、出版工作都被严重推迟，于是他辞掉了教授职务，把注意力转回到行医上。但由于他的实验证据确凿，“光是一种波”的观点开始慢慢被人们接受。在1817年法国科学院的颁奖典礼上，他的理论大受欢迎，这是他人生中最辉煌的时刻之一。法国科学家奥古斯丁－让·菲涅耳（1788—1827）发表了一次关于光波理论的演讲，他将杨的双缝实验与更早期的荷兰科学家克里斯蒂安·惠更斯（1629—1695）取得的成果结合了起来。这个故事有可能是杜撰的。然而，西蒙·丹尼斯·泊松（1781—1840）作为粒子说的捍卫者，经过快速计算后公开发表演说，指出如果菲涅耳说得对，那么当圆盘遮挡住光的时候，圆盘的阴

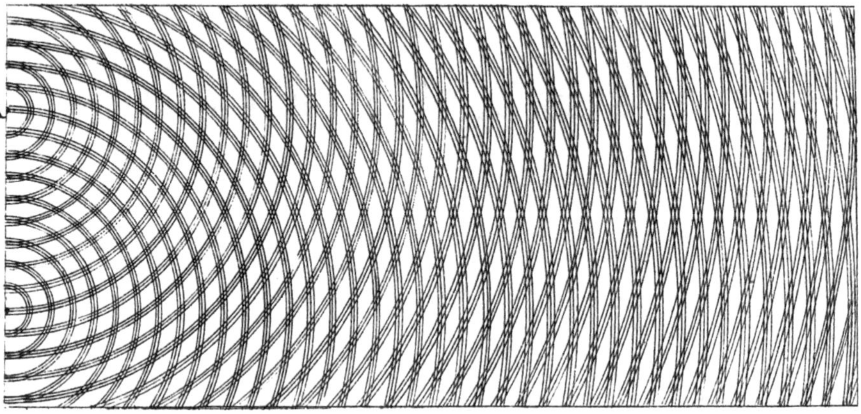

双缝干涉实验：杨的双缝实验效果图——在墙上形成了明暗条纹相间的图样。A、B表示光源。

影中心应该出现亮斑。他认为这个理论很荒谬，并很得意自己击败了它。不过另一位学者站出来表示，他们已经观察到了这种现象，会在稍后的会议上正式发表。事实上，这个亮斑的出现足以证明泊松的观点是错误的，于是它被命名为“泊松斑”。这次事件之后，光波理论成了普遍为人们所接受的理论模型。

波粒二象性

光的波动理论非常好地解释了很多关于光的特性，但也有一些现象是无法解释的，其中最显著的是一种被称为“光电效应”的现象。利用频率足够高的光子，人们能够把电子从金属薄片中激发出来，由此形成电流。如果光是波的话，那么任何波长的光都可以产生这种现象（只要频率增加），但事实并非如此。1905 年，阿尔伯特·爱因斯坦论证了光也是一种粒子，从而解决了这个问题。现有的大量事实证明，光同时具有波动性和粒子性！爱因斯坦解决这一矛盾的方法，就是提出了一种叫光量子的能量波包的假设，这种波包可以根据环境而定，要么成为光波，要么成为光粒子。

约翰·道尔顿发展了原子理论

化学物质和元素是如何工作的？这是一个有趣且重要的问题。尽管在18世纪末期原子就是一个为人们普遍接受的概念，它的性质却基本上是未知的。正是约翰·道尔顿（1766—1844）迈出了探索原子本质的第一步。

1766年，约翰·道尔顿出生于英格兰的科克茅斯附近。他在学术上很有前途，但由于他所在的教会不属于英国国教，所以大多数大学都不接受他。最终，他在曼彻斯特的一所专门为非宗教人士开设的学院里获得一个教职。他的早期工作主要集中在气象学上，也对色盲进行过详细研究（因为他本人也深受其害），因此这种疾病在一段时间内被称为道尔顿症。

道尔顿对气体成分的持续研究使得他发现了倍比定律。这个定律指出，把两种原子结合成一种化合物时，它们总是以简单的整数比结合在一起。这意味着如果10克碳与3克氧结合，那么20克碳就会与6克氧结合，以此类推。等到1804年时，道尔顿根据多次气体实验的数据，创造了一个理论来解释其中的原因。这一

约翰·道尔顿：尽管他的原子理论最初因缺乏证据而备受质疑，后来却成为元素、分子形成机制的主导理论。

原子理论有 4 个主要原则。

· 元素是同一类原子的总称。

· 同一元素的所有原子的性质都相同。

· 不同元素的原子会按照固定的整数比结合成化合物。

· 原子不能被制造或者毁灭，任何化学反应都是原子的某种组合、分离或重新排列。

道尔顿的化学符号：道尔顿在《化学哲学新体系》中提出过一些化学符号，后来被一套沿用至今的字母系统取代。

原子的质量

道尔顿还开始测量原子的相对质量。他一直测量由氢、氧、碳、氮组成的化合物，这样能够计算出它们的近似质量。他发现在化合物中如果一种元素的质量固定，那么另一种元素的质量一定与之成简单整数比。例如，如果一定量的碳原子（单个的质量为 5）与一定量的镁原子（单个的质量为 20）质量相同，那么碳原子的数量就是镁原子的 4 倍。

他制作了一张表格，标出了各种元素和化合物的质量，并在 1808 年出版的教科书《化学哲学新体系》中首次全部刊出。这张表格按照元素的原子量进行排序，因此原子量为 1 的氢排在第一位。紧随其后的是碳（当时拼作 carbone），原子量是 5，氧是 7，硫是 13，铁是 38（这些都是当时的数据），以此类推。根据这些元素的结合方式，可以计算出化合物的相对分子质量。例如，一个水分子（当时认为由一个氧原子和一个氢原子组成）的分子量为 8，酒精（当时认为含有 3 个碳原子和 1 个氢原子）的分子量是 16。

今天，我们知道道尔顿的工作从根本上来讲是有缺陷的，这在很大程度上是由于当时人们对原子的误解，以及对化学成分理解的错误（就像我们当时对水分子的理解）。

1811 年，意大利科学家阿莫迪欧·阿伏伽德罗（1776—1856）大大改进了道尔顿的研究成果。阿伏伽德罗更精确地计算了原子的相对质量，并且意识到许多气体是双原子的（它们以两个原子的组合方式自然存在）。后来，原子理论由欧内斯特·卢瑟福、尼尔斯·玻尔进一步完善，他们解释了原子的本质。尽管存在缺陷，但道尔顿的理论从本质上来讲是正确的，它成为早期原子物理学的基础。

萨迪·卡诺完美地描述了卡诺热机

热和温度是物理学中最重要、也是最令人困惑的研究主题。19 世纪初，随着科学家们努力发掘新技术的全部潜力，蒸汽机进入了工业创新的前沿。"热力学之父"萨迪·卡诺（1796—1832）为此做出了自己的贡献。

尼古拉·莱昂纳尔·萨迪·卡诺是法国拿破仑时期一位内阁高官的儿子。他是一名优秀的学生，16 岁时便成功考入著名的巴黎综合理工大学，这是该校入学的最低年龄。后来他加入工程师兵团，再后来转到总参谋部，一直保持随时待命的状态。正是在这段时间，他在巴黎参加了各种课程和讲座，对很多学科产生了兴趣，最主要的是工业机械和气体的工作原理。而有一件东西把这两者结合了起来，这就是最让他感兴趣的蒸汽机。

蒸汽问题

蒸汽机在工业化国家得到广泛应用，它的原理就是把加热后的蒸汽转化为动能，运用到许多领域：从纺布到锻铁。尽管这项技术很流行，但法国对蒸汽机的研究并不多，法国人很快就落在了英国人的后面。当时解释热能产生和扩散的主流理论认为这是一种流体自我排斥的现象，这当然是错误的。

在萨迪·卡诺所处的那个时代，蒸汽机的主要问题是效率很低。而效率是能量转化过程中产生的能量与实际可用能量的比值。例如一个灯泡通过耗电来发光，它也会产生余热，甚至少量的噪声。即使经过近 100 年的完善与改进，最好的灯泡也只能以 5% 的效率工作。

卡诺研究了两个主要问题：热机的效率是否有极限？热机能够依靠蒸汽以外的东西运转吗？他把自己得出的结论发表于《论火的动力》（*Reflections on the Motive Power of Fire*，1824）一书中。该著作的阅读对象是普通大众，因此书中只包含了很少的数学运算，以及解释复杂问题的脚注。

萨迪·卡诺：告别艰难的军队生涯后，对科学无比热爱的他便投身于解决当时最大的科技难题之一。

卡诺热机

他在文章中描述了理想化的热机（热力发动机）——一种想象出来的机器，并不像真正的热机那样有能量损失。它由两块板子（金属片）和一个活塞组成，遵循“卡诺循环”工作。

卡诺循环属于最理想、最高效的发动机运转形式，代表一种完美的热传递过程。我们可以通过一些计算建立一个热机效率的数学模型：

$$e_c = 1 - \frac{T_2}{T_1}$$

卡诺循环

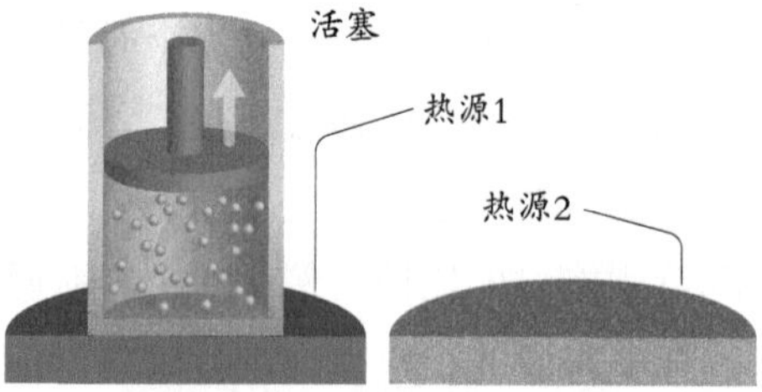

步骤1：将热机放在高温热源1上，达到温度T_1。活塞缓慢上升，导致气体膨胀，并被均匀加热，因此没有温度变化。这个过程使热能从热源1流向热机。因为气体膨胀的过程是等温的（即没有温度变化），所以这个过程叫作等温膨胀冲程。

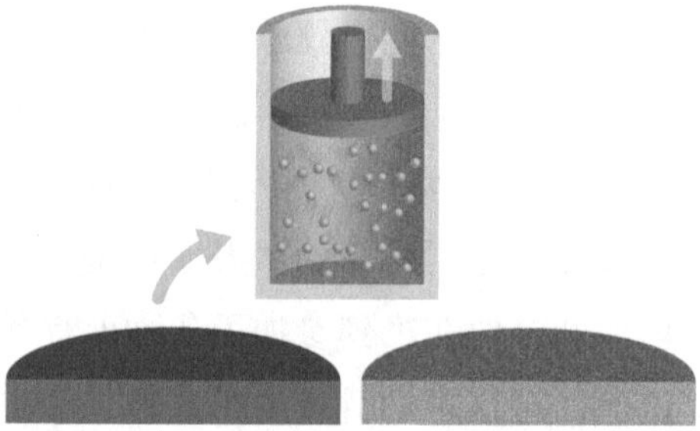

步骤2：从热源1上取走热机，气体继续膨胀。热量没有离开或进入热机，所以气体冷却到T_2，该过程叫作绝热膨胀冲程。因为气体仍然在膨胀，而这个过程是绝热的（即没有热传导）。

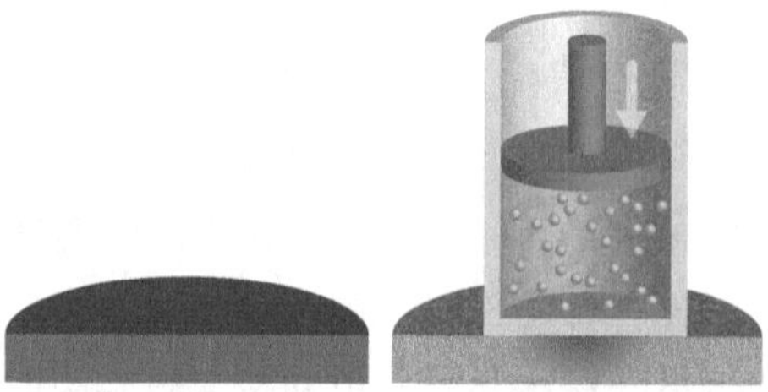

步骤3：将热机放在低温热源2上达到温度T_2，活塞开始压缩气体。这使得热能从热机流出，进入低温热源2，该过程叫作等温压缩冲程。

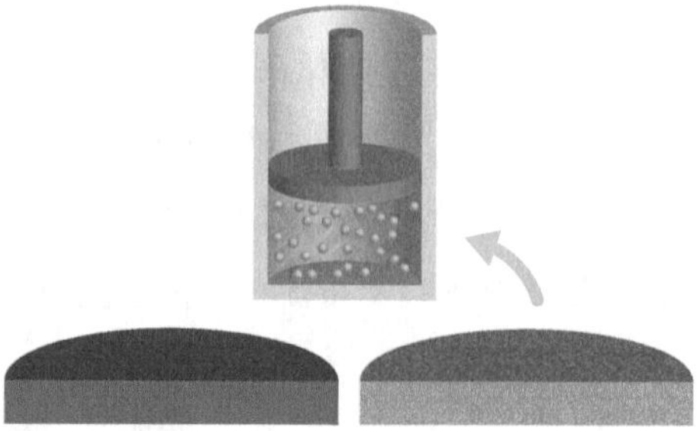

步骤4：系统重置，将热机从低温热源2上取走，气体仍在被压缩，接下来让气体的温度升到T_1，该过程叫作绝热压缩冲程。

热力学

热力学源于卡诺对热的深入研究，由很多杰出科学家共同创建，包括威廉·兰金（1820—1872）和开尔文勋爵（威廉·汤姆森，1824—1907）。

热力学第零定律：如果两个系统与第三个系统处于热平衡状态，那么这两个系统也必然处于热平衡状态。

热力学第一定律：在封闭的系统中能量总是守恒的。

热力学第二定律：一个封闭系统的熵不会随着时间的推移而减少。

热力学第三定律：当系统处于绝对零度时，熵会降到0。

你可能会问的第一个问题是："第零定律是什么？"它是在后3个定律确立之后制定的，被认为是比后3个定律更基础的定律。不过，新定律并没有顺延成为第四定律，而是被称为第零定律。

第二个问题可能是："熵是什么？"这是一个更难回答的问题。简单地说，它是系统中的无序程度。想象一下，你有一个盒子，里面有一些彩色的球，这些球都是依据颜色分组、有序排列的。如果你摇晃盒子（相当于加热），这些球会变得杂乱无章、排列不再有序。这是一种基本解释，它的正式定义涉及大量数学知识。

其中，e_c 表示卡诺热机的效率；T_1 和 T_2 是两个热板的温度（T_1 总是比 T_2 大）。

这个方程告诉我们，为了提高热机的效率，我们需要增加热传递的温度差。为了达到100%的效率，需要把 T_2 降低到绝对零度，当然这是不可能的。

我们还可以发现，如果 T_1 和 T_2 相等，那么系统就不会工作，因为效率会降到0。这个方程还告诉我们，无论使用什么材料，都不可能将效率提高到最大值。

绝大多数热机的工作温度为：T_2 约300开尔文，T_1 约500开尔文，此时热机的最大效率为0.4或40%。由于摩擦力和其他损耗，比如机械材料产生的热损耗，实际输出效率要比这个值小得多。

迈克尔·法拉第发明圆盘发电机

现代社会依靠电力运转——电话、计算机、汽车以及无数日常用品都得依赖它。几乎所有的电力都由发电机产生，而第一台发电机是由迈克尔·法拉第（1791—1867）于1831年建造的。

法拉第1791年出生于伦敦，只接受过基础教育。不过14岁时，他在当地的一个图书装订商的店里当学徒。在此期间，他自学成才，还旁听过英国皇家学会的讲座，尤其是化学家汉弗莱·戴维（1778—1829）的讲座。他还寄给戴维一本300页的书（他自己装订的），里面详细记录了戴维的讲座内容，两人由此建立了学术友谊。

1813年，戴维在一次事故中视力受损，随后聘请法拉第当助手。

法拉第的科学生涯开始于化学领域，在协助戴维的同时他也进行独立研究。他研究了大量的化学物质，创造出一个早期版本的本生灯，发现了纳米粒子，后来又发现了电解定律（后世称为法拉第定律，描述的是电流通过物质的过程）。

法拉第首次有记录的电学实验是在1812年，他利用一些硬币、锌片以及浸过盐水的湿纸，做成电池并产生了电流（就像早期的伏打电池），他还使用这个电池进行了一系列化学实验。

1820年，汉斯·奥斯特（1777—1851）注意到，每当一个可产生电流的设备打开或者关闭时，附近的指南

自学成才：创作于1842年的迈克尔·法拉第的一幅画像。在成为汉弗莱·戴维的助手之前，他自学了大部分知识。

发电机：法拉第圆盘发电机的早期实物。通过转动手柄，让圆盘旋转，导线中便会产生电流。

针的指针就会移动。就在这一发现的第二年，人们发现电与磁之间存在联系。戴维和另一位科学家威廉·沃拉斯顿（1766—1828）试图建造一种利用这种效应产生运动的装置。他们尝试制造电动机的想法没有成功，但他们与法拉第详细讨论了自己的研究过程。法拉第在接下来的 10 年里，花费了大量时间来研究光学和许多材料的电磁特性。直到 1831 年戴维去世几年后，法拉第才开始认真研究，最终发明了一台电磁发电机。

法拉第圆盘

法拉第发明了法拉第圆盘，或者叫作单极发电机。这个装置由一个大铜轮组成，一边连着导线，另一边连着手柄。一部分轮子被放进强磁铁内，通过金属刷连到导线的另一端，这使得轮子在保持接触的同时可以自由转动。通过手柄旋转轮子，一部分轮子经过磁场时，会在导线中产生电流。为了解释这一现象，他创立了法拉第电磁感应定律。

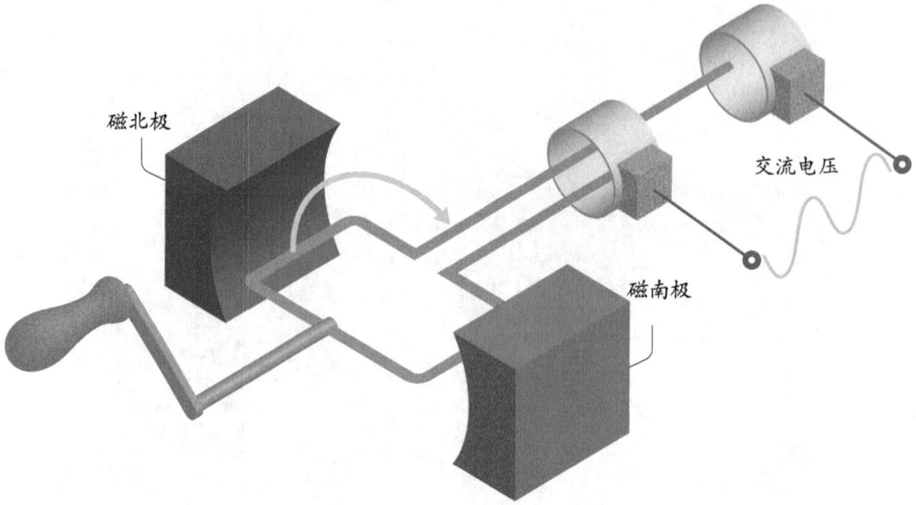

$$\nabla \times E = -\frac{\partial B}{\partial t}$$

这个方程表明，一个不断变化的磁场会产生电场，反之亦然。当圆盘穿过磁场时，导线内就会产生电流，电流的大小会随着磁场的变化而变化。此外这个过程可逆，也就是说如果给这个装置通入电流，该装置就会产生磁场变化，可以让导线移动。这就是电动汽车、电动牙刷等采用电动装置的产品的工作原理。

法拉第发明了第一款发电机装置。他的发明基本上让电力既安全又可用，甚至在科学实验室之外也可以广泛使用。如今，基于法拉第发电机的原型设计的现代发电机无处不在，为全世界提供了充沛的电力。

发电机：一个简单的发电机图解，基于法拉第的原型设计。铜轴通过曲柄在磁极间旋转，从而产生电流。

改进发电机

法拉第圆盘实际上是一种非常低效的发电方式，主要原因是大铜轮在产生有用电流的同时，也会产生许多“涡电流”。这些涡电流是由材料本身的微小缺陷导致的，并且跟主电流的流向相反，从而大大降低了整体的发电效果。

希波吕忒·皮克西（1808—1835）对发电机进行了第一次重大改进，采用一个可提供双倍电流的转轴替换了大铜轮，用交流电（AC）代替了直流电（DC），大大减少了涡电流。这意味着可以让更多的电流通过导线，从而产生更多的电能。

1887年，尼古拉·特斯拉（1856—1943）为第一款真正的电磁感应发电机申请了专利。这种发电机产生的是交流电。

交流电是电流在不断向前和向后双向流动，直流电是电流只朝一个方向流动，而单向、恒定的电流成为当时的首选，因为它更容易产生。此外，随着变压器的发明和使用，电压变得可以改变，这一点非常有用。远距离输电时，采用高压传输能够大幅减少电力损耗。电线能够传输超过30000伏的电压，当然这对于家庭来说非常不安全。而变压器可以把高电压降到日常使用的安全水平。

后来，人们意识到电流是在磁场被导线"切断"时产生的（你可以自己动手实验一下，用一根导线连上电压表，将它穿过马蹄形磁铁的两极看看是否存在电流）。导线穿过磁场的次数越多，就会产生越多的电流。这就制成了由导线包裹在旋转轴外面的电磁线圈。每个线圈可比导线产生更多的电流；而两个线圈产生的电流是一个线圈的两倍，10个线圈能够产生10倍的电流，以此类推。简单的发电机就像手摇手电筒那样，利用曲柄的旋转产生电流，它的里面大概有1000个线圈，而发电厂的每台发电机里则包含着数百万个线圈。

现代发电厂

几乎所有的现代发电厂都在使用由法拉第创立的方法进行发电。所有的化石燃料（比如煤或天然气）发电厂都是通过燃烧燃料加热水箱使水沸腾，再利用蒸汽推动涡轮机旋转的。将涡轮机与发电机相连，使发电机在磁场中旋转，就能产生大量电能。另外一些利用可再生能源制成的装置（如风力涡轮机）采用同样的发电原理，利用自然条件推动电磁装置旋转产生电能。

威廉·哈密顿创立哈密顿力学

物理学家常用数学方法来描述物理问题，有时候研究一个特定物理问题的数学模型，会让问题变得简单或困难。数学方法有很多，但没有一种方法能与哈密顿力学的引入相提并论。

物理学是用数学语言写成的。这就像有时用自己的语言表达想法或感受非常困难时，我们会求助于他人。Deia vu（似曾相识）、faux pas（失礼）、schadenfreude（幸灾乐祸）都被纳入英语当中，以表达英语单词中所没有的意思。因此在物理学中，通过使用不同的数学方法（相当于不同的语言），事情会变得容易得多。

牛顿力学是建立在力学基础上的。如果你能计算出两个物体之间的相互作用，你就会得出力是如何相互作用的。这是观察像行星这类大型系统如何运行的完美方法，甚至很适合许多简单的相互作用。然而没过多久，方程就变得非常复杂了。例如，要计算一个正在摆动的钟摆与另一个逐渐停摆的钟摆之间的相互作用，就会涉及很多二阶微分方程。不用说，这不仅耗时，而且很难处理。

拉格朗日力学是由约瑟夫－路易斯·拉格朗日（1736—1813）在1788年创立的，它是以能量而不是力为基础的。

对于双摆这种示例，拉格朗日力学只要看每个物体的引力和动能，而不需要在三个维度（高度、宽度和深度）上看张力、引力和阻力。值得注意的是，牛顿和拉格朗日用来描述钟摆的两个方程描述的是完全相同的东西，只是方法不同。

哈密顿力学是1833年由威廉·哈密顿（1805—1865）创立的。它并不需要过多的数学运算，主要考虑两件事：统计值和普遍性量化数据（多个单一量）。为什么这些很重要？因为量子力学本质上就是数学上的统计，结果总是量子化的。从本质上来说，这种数学方法让量子力学成为可能，而用牛顿的数学方法是不可能算出来的，哈密顿的成就让这一切成为可能。

拉格朗日力学

拉格朗日力学关注的是一个系统

数学先驱：一幅约瑟夫-路易斯·拉格朗日的肖像画，创作于1800年左右。他创立了一套新的数学方法，为许多新发现打开了大门。

的能量，而不是它的力。但你可能会问，这有什么重要的？原因是，当你深入到亚原子层面时，几乎所有的东西都得用能量来计算。质量、位置、速度和其他变量都直接依赖于系统中存在的能量。这意味着，当我们的数学运算以能量为基础时，对任何给定的系统进行计算都变得容易得多。

哈密顿力学也为我们提供了一种新的答案。像牛顿力学这类方法总是会给你一个特定的值（比如数字 4 或 7），哈密顿力学却能得到一组解。这意味着它可能会给出 $3x+1$ 的答案，因为 x 可以是任意值，我们可以得到 7、10、13 等解。正是这种产生一系列答案的能力让它如此重要，并且成为量子力学的基础。

玻尔兹曼方程发表

由于威廉·哈密顿的贡献，现在数学有了新的用武之地，这让路德维希·玻尔兹曼（1844—1906）研究统计力学成为可能。统计力学研究原子和物质的性质，这是创立量子力学的第一步。

玻尔兹曼出生于维也纳，在去奥地利的林茨上学之前，曾接受过家庭教师的早期教育。1863 年，玻尔兹曼在维也纳大学攻读物理学，3 年后，获得理学博士学位，学位论文的主题是分子运动论（又叫气体动理论或分子动理论）。他曾是约瑟夫·斯特凡（1835—1893）的助教。1869 年，他担任格拉茨大学的数学物理学教授，继续研究分子运动理论。1872 年，他发表了玻尔兹曼方程（也被称为玻尔兹曼输运方程）。该方程从统计学的角度描述了一个非平衡状态的热力学系统（温度系统）的行为。方程的一般形式可以写成：

$$\frac{\partial f}{\partial t}=\left(\frac{\partial f}{\partial t}\right)_{\text{引力项}}+\left(\frac{\partial f}{\partial t}\right)_{\text{漂移项}}+\left(\frac{\partial f}{\partial t}\right)_{\text{碰撞项}}$$

这个方程会很快变得非常复杂，例如：

$$\left(\frac{\partial f}{\partial t}\right)=\iint gI(g,\Omega)\left[f\left(p_{\mathrm{A'}}^{\prime t}\right)f\left(p_{\mathrm{B'}}^{\prime t}\right)-f\left(p_{\mathrm{A'}}^{\prime t}\right)f\left(p_{\mathrm{B'}}^{\prime t}\right)\right]\mathrm{d}\Omega\mathrm{d}^{3}p_{\mathrm{A}}\mathrm{d}^{3}p_{\mathrm{B}}^{\prime}$$

这个方程的主要作用是，它全面描述了一个给定粒子所有可能的情况。它的特点是，它不像牛顿力学那样，通过分析推导出每个粒子在任一时刻的位置，相反，它只考虑概率，一群粒子同时占据着任意小的空间，在一段极短的时间内这群粒子的动量变化几乎同样小。这种观点是人类认识上的根本性转变，客观上产生了深远影响，让以前不可能的计算成为可能，比如计算物体周围的热量传输情况和材料的导电性。

这种力学新方法采用的是统计计算法，而不是像以前那样的分析方法，这意味着我们可以进行更多类型的计算并解出方程。这开启了统计力学的大门，最终也开启了量子力学的大门。

路德维希·玻尔兹曼：他为其他科学家提供了一种处理大量数据的方法，否则他们将无从下手。

斯特凡–玻尔兹曼定律

玻尔兹曼和他的导师约瑟夫·斯特凡各自推导出一个关于黑体辐射特性的定律。斯特凡在 1879 年提出了这个定律，而玻尔兹曼是在 1884 年由热力学推导得出的，方程是这样的：

$$j^* = \sigma T^4$$

该方程表明，从一个黑体（吸收所有外来辐射的理论物体）发出的总能量与它本身温度的四次方成正比。σ 是斯特凡–玻尔兹曼常数，由其他基本物理常数算出，数值为 5.67×10^{-8}。

这是一个重要的方程，因为通过它可以从物体的辐射情况来测量物体的温度。第一个值得注意的应用是测量太阳的表面温度。斯特凡算出的太阳表面温度为 5700 开尔文，与如今的计算结果 5778 开尔文相比，这个数值已经相当不错了。这个方程可以扩展到用于计算宇宙中其他恒星的温度，甚至可以用于其他行星及其卫星。

麦克斯韦–玻耳兹曼分布

玻尔兹曼后来与大科学家詹姆

无序定律

玻尔兹曼还对热力学第二定律进行了大量的研究：一个封闭系统的熵总是随着时间的推移而增加。玻尔兹曼用他的方程发展了熵增原理（H 定理），它描述了理想气体中熵（H）值增加的趋势。熵的概念自卡诺时代就存在了，而玻尔兹曼的研究为熵提供了极好的实践证明，一种具象化的熵，否则熵就是一个抽象概念。

正是由于这种统计分析，热力学第二定律才被称为无序定律。想象一副刚从盒子里拿出来的扑克牌，它们排列整齐。如果你随意洗牌，纸牌的顺序就会被打乱。你完全有可能随机洗牌，让所有的 A 排在一起，然后所有的 2 和 3 排在一起，以此类推，不过这种概率非常小，小到 $1/(8.09\times10^{67})$，或 1/80658175170943878571660636856403766975289505440883277824000000000000。这在实际操作中通常不会发生。而对于这副牌，当你洗牌时，由于存在大量的可能性，所以会变得很混乱，也很有趣。无论你什么时候洗牌，它们的顺序都是概率性的，按照之前从未出现过的顺序排列。

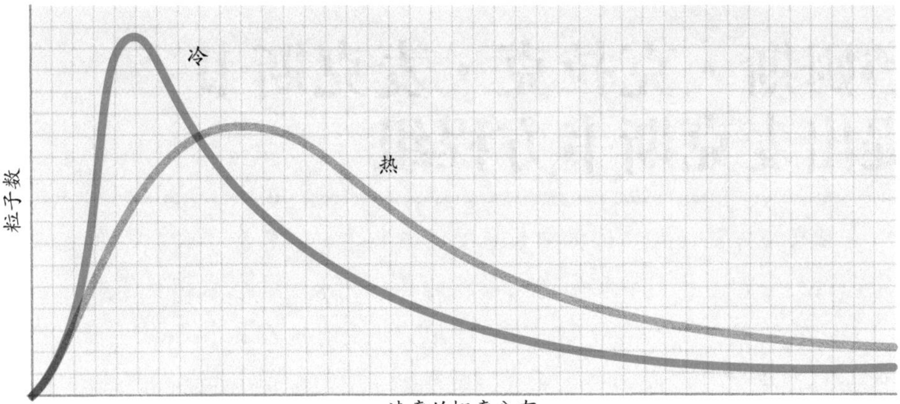

麦克斯韦－玻耳兹曼分布：这里麦克斯韦－玻尔兹曼分布用两种不同的温度表示，温度越高，粒子分布越广。

斯·克拉克·麦克斯韦合作，创造出一种粒子系统的概率分布图，把大量数据变成易于阅读的图形。麦克斯韦－玻尔兹曼分布函数是：

$$f(v)=\sqrt{\left(\frac{m}{2\pi kT}\right)^3}4\pi v^2 e^{-\frac{mv^2}{2kT}}$$

当我们绘制两种不同温度的曲线时，可以得到上面的图形。

我们看到，对于一个给定的粒子系统，存在一个峰值速率，大多数粒子都是从最低速率急剧上升到峰值，并且随着速率的不断提高，粒子的数量不断减少。我们还注意到，通过增加系统的能量（比如升高温度），我们有可能提高粒子的峰值速率，尽管这样做会使处于峰值的粒子数变少。利用这张图形做一些计算是可行的。例如，你可以用下面的公式计算任意给定粒子最可能的速率。

$$v_p=\sqrt{\frac{2kT}{m}}$$

同样，也可以用下面的公式计算出任意给定粒子的速率的预期值。

$$\langle v\rangle=\frac{2}{\sqrt{\pi}}v_p$$

从这种统计分析可以看出，量子力学早期的形成是从人们研究概率开始的。通过这个图形，我们可以知道随机选取的一个粒子具有给定速率的概率，但不能确定任何一个特定粒子的速率。

詹姆斯·克拉克·麦克斯韦提出麦克斯韦方程组

麦克斯韦方程组是物理学中最重要的方程之一，包含了我们所知道的关于电和磁的一切，我们现在知道它描述的是一种单一的电磁相互作用。尽管詹姆斯·克拉克·麦克斯韦（1831—1879）并没有发现其中的每一个，但正是他在1873年将它们全部公之于众，展现出了它们与这个世界的紧密联系。

麦克斯韦1831年出生于苏格兰的爱丁堡。14岁时，他写了第一篇科学论文《椭圆曲线》（*Oval Curves*），描述了如何使用一根线绳绘制曲线，以及研究了椭圆和多焦点椭圆的性质。这篇论文后来被人提交给爱丁堡皇家学会。

16岁时，他开始就读于爱丁堡大学，因为喜欢那里的老师们而拒绝了剑桥大学。在此期间，他通过自学来充实自己，并且写了许多论文，包括《论弹性固体的平衡态》（*On the Equilibrium of Elastic Solids*）和《滚线》（*Rolling Curves*）。

之后他到剑桥大学学习，1854年毕业，并向剑桥哲学学会宣读了他的纯数学论文，还申请了三一学院的教职资格。1855年10月10日，他获得资格，开始准备教书。不过，当他申请位于阿伯丁的马歇尔学院自然哲学教授的空缺职位并获得成功后，他便离开了剑桥。1860年之前，他在马歇尔学院工作期间，研究了各种各样的问题，包括土星环。1860年，马歇尔学院与另一个学院合并成立了阿伯丁大学，因为自然哲学教授职位只有一个，他被无情地解雇了。随后他搬到伦敦，成为伦敦国王学院自然哲学系的主任。

正是在这段时间，麦克斯韦对电磁学进行了大量研究。利用安培环路定理，他计算出电磁波的传播速率等于光速，尽管他还没有认识到其潜在的重大意义——光就是电磁波。他开始收集所有关于电场和磁场的知识，并于1861年发表了《论物理力线》（*On Physical Lines of Force*），将这方面的知识缩减到20个方程。

詹姆斯·克拉克·麦克斯韦：尽管他没有提出任何一个新的方程，但他统一了电场和磁场，这是一个巨大的进步。

他继续研究电磁学，最终在1873年出版了《电磁通论》（*A Treatise on Electricity and Magnetism*），阐述了电磁学的4个基本方程。这些方程最初被写成不易读懂的偏微分方程，英国科学家奥利弗·亥维赛（1850—1925）将它们转换成了更常用、更容易理解的微分方程。

方程：

高斯定律：

$$\nabla \cdot E=\frac{\rho}{\varepsilon_0}$$

高斯磁定律：

$$\nabla \cdot B=0$$

法拉第电磁感应定律：

$$\nabla \times E=-\frac{\partial B}{\partial T}$$

安培全电流定律：

$$\nabla \times B=\mu_0 J+\frac{1}{c^2}\cdot\frac{\partial E}{\partial T}$$

高斯定律

$\nabla \cdot E=\frac{\rho}{\varepsilon_0}$这个方程告诉我们，穿过一封闭曲线的电场线的数量（与电通量成正比）与它所包含的电荷量（ρ）成正比，除数ε_0（常数）为真空电容率。这意味着材料本身的电通量只由内部电荷的多少决定，不受任何外界因素的影响。

高斯磁定律

$\nabla \cdot B$表示通过某个物体的磁场线的数量（磁场强度）。由于这个值是零，这意味着离开任何区域的磁场线也必须回到那个区域。这就是我们得到条形磁铁等磁场形状的方法。因此，这就意味着所有磁铁都必须有北极和南极，也不存在磁单极子。

法拉第电磁感应定律

$$\nabla \times E=-\frac{\partial B}{\partial T}$$

这个定律表示，一个随时间变化的磁场$\frac{\partial B}{\partial T}$能够产生一个电场$\nabla \times E$。这属于归纳法，法拉第利用它来制作法拉第圆盘（详见第88～第91页）。

安培全电流定律

$$\nabla \times B=\mu_0 J+\frac{1}{c^2}\cdot\frac{\partial E}{\partial T}$$

这个定律表示，有电流通过的导线会产生一个磁场，这个磁场与通过导线的电流成正比。这个方程把电磁波的速率设为c（光速，3×10^8米/秒）。μ_0（常数）是真空磁导率，它是衡量真空中的磁场强度的比率。

麦克斯韦方程的重要性

麦克斯韦方程非常简单，却描述了自然界的基本力之一。我们几乎能从中推导出关于电磁力的所有知识：从静电学到张量微积分，甚至一些光学知识。

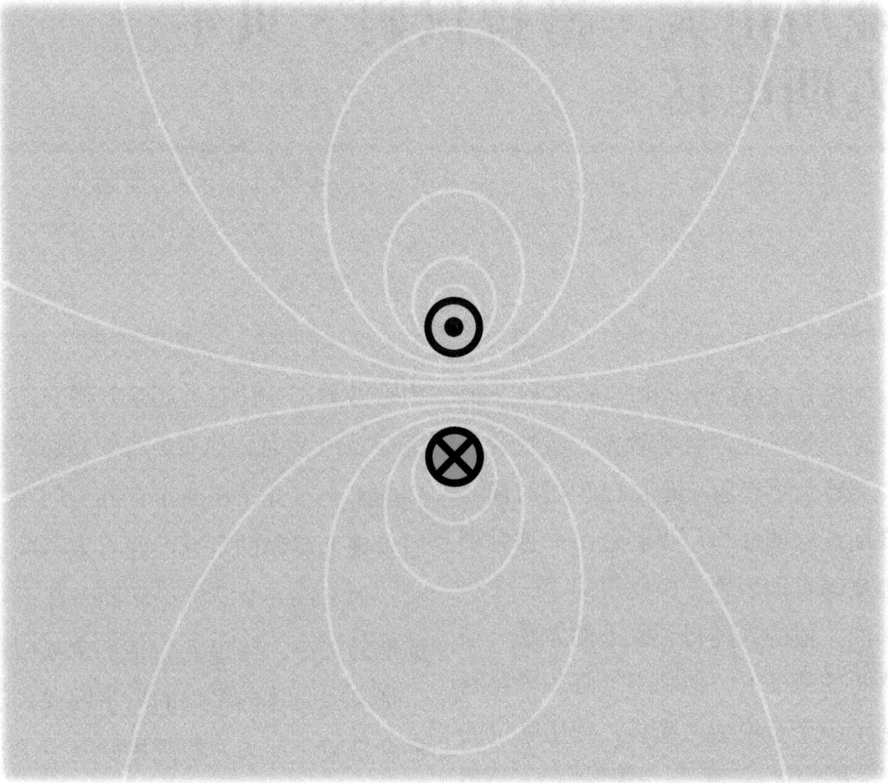

它可能是基础物理学的第一批研究成果之一，试图把我们对一个主题的所有知识浓缩到一组信息当中，而这些信息已经成为现代物理学的基石。麦克斯韦的成就简洁明了，对之后电磁学的每一次发展都有贡献。这些方程所揭示的电磁学原理是我们日常生活中所有电力设备的工作基础。

电磁场：由移动电荷产生的电磁场，包括相互作用的电场和磁场。

亚历山大·格拉汉姆·贝尔发明电话

也许你以前听过电话的发明以及申请专利的竞赛这类故事。亚历山大·格拉汉姆·贝尔（1847—1922）是电话的发明者，还是他窃取了这种设计？尽管这是一个有趣的故事，但更重要的是电话的功能本身。

贝尔1847年出生于爱丁堡，他的父亲是一位语音学教授，对教聋人说话特别感兴趣。贝尔12岁的时候，在朋友家的面粉厂里制造出一种剥小麦皮的自动装置，由此得到了一个小车间。他的兴趣得到家人的鼓励，在哥哥的帮助下，他利用气管和风箱制造了一个会说话的脑袋，并用家里的狗来做测试，让它看起来好像真的会说话。19岁时，他对声音的兴趣转移到学术上，开始研究声音共振问题。当发现他想做的研究已经有人完成了时，他有些心灰意冷，转而专注于帮助他的父亲。1870年，他们全家搬到了加拿大，体弱多病的贝尔发现自己逐渐恢复了活力，便开始研究声学和电学。

1857年，法国人爱德华–莱昂·斯科特·德·马丁维尔（1817—1879）发明了一种声波记振仪，可以将声波转化为振动波。在纸上显现出波的物理表征（通过声音振动让一支笔上下移动，就像地震仪一样），这在理论上可以将其转变回原声。就在贝尔将注意力转向远距离传输声音之前，他已经对声音做了很多研究。

亚历山大·格拉汉姆·贝尔：由他发明的技术很快成为世界上最主要的通信方式之一。

贝尔的灵感来自于“锡罐电话”。这种电话的原理是：声音通过在两个罐子之间的一根弦的振动来传递。

电报是一种现代的远距离通信工具，在19世纪30年代后期就已投入商业使用。

然而，电报是根据单一的开/关信号来工作的，这意味着人们只能以莫尔斯电码发送信息，从而对每次传输的信息量做出实际限制。利用现有的技术，贝尔发明了一种装置，它在电磁场中使用一根灵活弯曲的簧片，几乎可以完美地复制声音。他又做出进一步改进，让簧片足够敏感，足以被另一个声音振动，从而产生一个复制的声音，尽管在线的另一端效果很差。

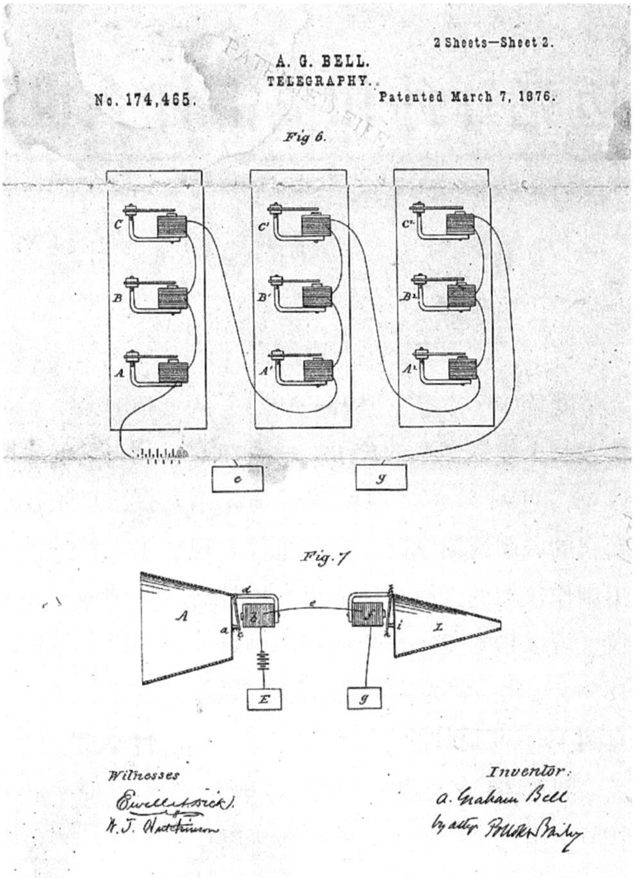

专利证原件：亚历山大·格拉汉姆·贝尔在1876年3月7日申请的专利。贝尔作为电话发明者的身份一直存在争议。

贝尔成就的重要意义

除了彻底改变了人们的交流方式，贝尔的发明还是第一个能够传送复杂信息的精密设备。尽管在今天一切都是数字化的（基本上都比电报快得多），但贝尔的工作不仅为发明电话铺平了道路，而且为广播电视和接下来的一个半世纪的模拟信号通信奠定了基础。

迈克耳孙和莫雷什么也没发现

科学的真相往往并不是我们所想象的那样。实验可以证明什么都没有，这被称为零结果。尽管这听起来令人失望，但有时它与积极的结果同样重要，甚至很可能更重要。

爱德华·莫雷（1838—1923）从小就是个体弱多病的孩子，一直在家读书，直到 19 岁。他就读于马萨诸塞州的威廉姆斯学院，在那里他表现出制作仪器的天赋。他造出一种计时仪，可以精确显示学院所在的纬度。1868 年，他受聘为该学院的化学教授，直到 1906 年退休。

阿尔伯特·迈克耳孙（1852—1931）出生于普鲁士，两岁时举家迁往美国内华达州，之后他到旧金山读书，这期间和姑妈住在一起。后来他被美国海军学院特别委派到欧洲学习两年，从此他对科学产生了浓厚的兴趣，成为最早一批精确测量光速的人。

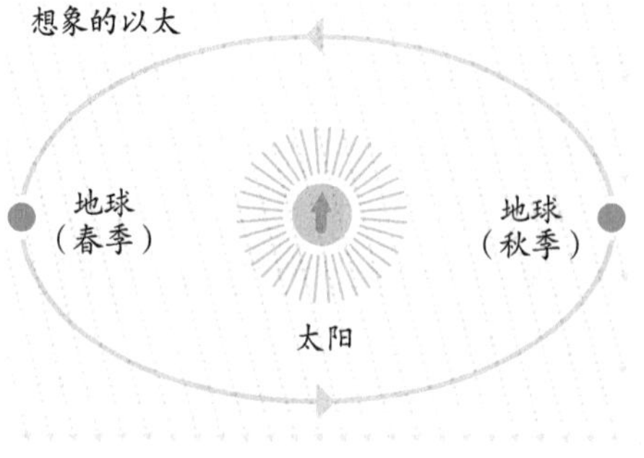

1883 年，他离开海军，在俄亥俄州克利夫兰的凯斯西储大学担任物理学教授。正是在这段时间，他与莫雷建立了工作关系，并请求莫雷协助自己做一项尚未完成的实验，这是一项验证“以太”是否存在的实验。

什么是光以太？

如今，早已过时的以太理论并不容易理解，因为在现代科学中并没有真正的以太对等物。它被认为是一种充满所有空间的物质，是光波运动的介质（就像声波运动那样）。由于光能够在真空中传播，所以人们就想象以太也一定存在于真空中。

但以太有什么重要性？假设有 3 个人，阿尔伯特（A）、贝努瓦（B）和哥白尼（C），A 坐在田间的椅子上，B 坐在附近公路的巴士上，C 坐在正在驶过的火车上。巴士上的速度表显示的是 20 千米 / 时，火车上的速度表显示的是 50 千米 / 时。所以当两车经

获奖者：阿尔伯特·迈克耳孙（左），第一位获得诺贝尔物理学奖的美国人；爱德华·莫雷（右），因在化学领域的杰出成就，被授予戴维奖章。

过时，A 看到 B 正以 20 千米 / 时行驶，C 以 50 千米 / 时行驶。从 B 的角度看，他看到 C 在以 30 千米 / 时的速度向前移动（因为他自己正以 20 千米 / 时的速度行驶，需要与 C 的速度 50 千米 / 时相减），并且他还看到 A 以 20 千米 / 时的速度向后移动。从 C 的角度看，A 正以 50 千米 / 时的速度向后移动，B 以 30 千米 / 时的速度向后移动。就这些相互矛盾的视角而言，到底谁的行驶速度才是真实的？

由于参照系的不同，或者说由于光速是不变的，问题变得更加复杂（别担心，我们将在本书的后面对此进行阐述，见第 126 ~ 第 129 页）。但在迈克耳孙和莫雷的时代，答案很简单：以太被认为是一种无处不在的物质，它可以被看作是静止的，涉及它的一切都可以计算。

以太的价值就在于，可以利用它来计算物体运动的速度。两个相对运动的物体的速度并不重要，重要的是每个物体相对于静止以太的速度。这让事情变得简单多了。

以前面的例子为例：为了计算 A、B、C 的速度（相对于其他所有物体的速度），我们还必须考虑到，地球

迈克耳孙–莫雷实验室：迈克耳孙–莫雷实验所用的设备。

正以约 108000 千米 / 时的公转速度在宇宙中穿行，而太阳系正以 828000 千米 / 时的速度运动，整个星系也在宇宙空间中穿行。如果你计算一下，会发现 A 的移动速度约为 3000000 千米 / 时，B 和 C 的移动速度更快一些，这取决于车的行驶速度。

实验

以太是当时的物理学的核心，阿尔伯特 · 迈克耳孙决定验证它。不过，第一次实验被认为不太精确而无法检测到预期的变化，之后他与莫雷搭档再度尝试。

这个实验将一束光射向半镀银的镜子，其中一半光线穿过镜子，另一半被反射（这样就形成了两束光）。然后，这两束光会分别被平面镜反射到探测器上。这两束光会形成干涉条纹（正如前面说的杨氏双缝实验，见第 78 ~ 第 81 页）。实验预测，跟以太风（地球在以太中运动时产生的一种效应）相反的光线会略微减速，探测器会接收到一个条纹图案（类似于杨氏实验产生的条纹），从而证明以太的存在。

但他们在实验时什么也没看到：

没有条纹或者以太存在的任何证据。这个实验装置被安装在一个水银容器上，并且是旋转的，这样方便寻找以太风。该实验没有取得什么结果。这个实验在一年当中重复了好几次，试图解释全年可能发生的变化，但一次又一次，什么也没有检测到。

最终，结果变得很明显，尽管检测到一些微小变化，但显然是由装置本身的缺陷造成的。1887 年，迈克耳孙在《美国科学杂志》（*American Journal of Science*）发表的论文中写道：

> 对地球和以太的相对运动进行了多次实验，但结果是否定的。干涉条纹的预期偏差应该为 0 ～ 0.40——最大位移为 0.02，平均值远小于 0.01。但实验结果并不在正确的位置。因为位移与相对速度的平方成正比，所以如果以太风确实吹过，相对速度将小于地球速度的 1/6。

在这篇相当专业的论文中，他们承认没有发现任何东西，还列出了全年速度变化的差值，而实验过程中根本没找到所谓的以太。其他人又分别在 1903 年和 1904 年进行了进一步的实验，彻底证实了以太并不存在。更确切地说，发现“零结果”的意义更重要，因为它改变了物理学家对宇宙的思考方式，直接导致了相对论的发展。

迈克耳孙–莫雷实验图解：半镀银的镜子（中间）将光线分开，产生的两束光通过两面镜子（黄色标记）反射到探测器上。

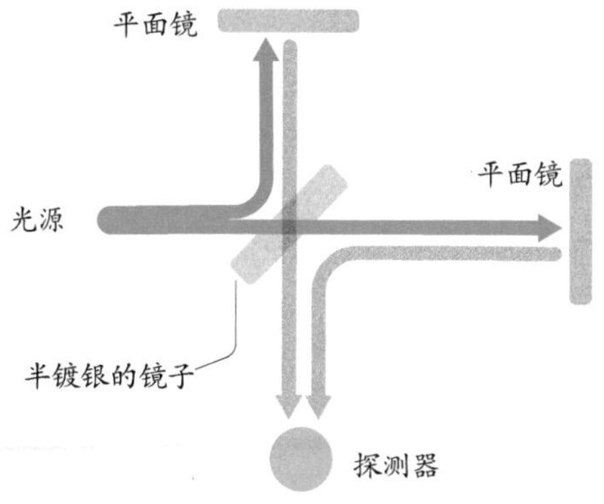

第4章

量子力学与相对论

马克斯·普朗克解决了“紫外灾难”问题

经典物理学很棒，但并不完美。就像400年前的日心说逐步瓦解了一样，经典物理学也开始显露出它的局限性。人类需要新理论，第一次看到这一点的是马克斯·普朗克。对于他那个时代最大的物理挑战之一——紫外灾难，普朗克提出量子理论，这意味着量子力学的真正来临。

1858年，马克斯·普朗克出生在一个中产阶级家庭且受到了良好的教育。当他还很小的时候，全家人搬到了慕尼黑，在那里他上的是马克西米利安中学。他在数学、力学和天文学方面受到了特别指导。因成绩优异，他破格升入高年级。17岁中学毕业后，他进入慕尼黑大学。在着手研究世界级理论之前，他首先进行的是气体扩散的实验。他对经典物理学抱有浓厚的兴趣，主要研究麦克斯韦的电动力学和热力学定律，最终撰写了这一课题的博士论文。在那以后，他继续从事热力学的研究。在谋求教授职位期间，他担任了没有报酬的私人助教。最终，他于1892年获得了柏林大学教授之职。在柏林大学的这段时间，他的任务是寻找提高灯泡效率的方法。他很快意识到，解决这个问题的最好办法是先从理论上完美的黑体辐射入手，再解决现实世界的复杂问题。

黑体是一种假想的理论物体，能够吸收所有的光以及其他所有射向它的电磁波。它还能以100%的效率发出所有的光，也就是说，如果有100焦耳的能量，它会均匀地向各个方向发射这些能量。虽然黑体是一种理想化的产物，而大多数真实物体都是灰色物体（吸收和发出辐射的效率低于100%），但是科学家可以用黑体辐射很好地近似研究真实的物体，比如恒星。

1905年，英国科学家约翰·斯特拉特（1842—1919）和詹姆斯·金斯（1877—1946）提出瑞利–金斯定律，描述了一个黑体在任意波长下的辐射强度（某一特定大小的表面上所发出

变革性成就：马克斯·普朗克的照片，摄于20世纪30年代早期。他的意外发现也许比其他任何发现都更彻底地改变了物理学。

的辐射量）。这个定律非常有效，但只适用于长波。当波长达到 300 纳米或更短时，也就是进入紫外光波时，事情就变得非常糟糕了。在这一点上，瑞利－金斯定律预测所有的黑体都会释放无限的能量。当将该定律用到真实世界的物体上时，这意味着每一颗恒星、行星和其他明亮的天体都应该在紫外线波长下产生大量的能量。正如我们在下面的图中所看到的，这与事实并不相符。这个问题被称为“紫外灾难”。

普朗克的解决方案

当普朗克开始尝试制造更高效的灯泡时，“紫外灾难”已经广为人知。有些人试图解决这个问题，最著名的有威廉·维恩（1864—1928）。他在 1896 年提出一个解决方案，后来被称为维恩定律。该定律解释了较短波长，但无法解释较长波长的问题。普

理论和实验结果：图中显示了瑞利–金斯定律的理论预测与实验结果之间的差异。

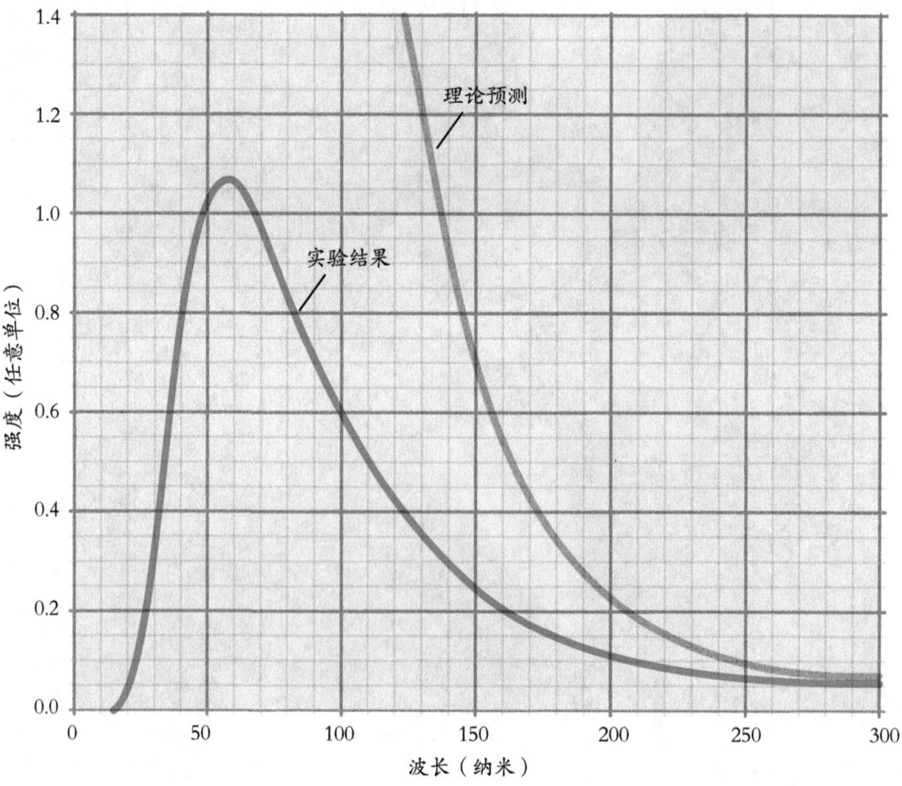

朗克在推导维恩定律方面做了一些努力，他试图做些修改，但无法让理论与观测结果相符。

在这一点上，普朗克做出了一个大胆而最终意义深远的假设，在今天它被称为普朗克假设：物质辐射或吸收的能量只能是量子化的，也就是说，能量只能是最小单位的整数倍。有了这个洞见，普朗克接着创立了一个公式——基于他创造的一个数学常数（普朗克常数），从而成功地结合了早期的两个不完整的理论。这个公式在短波情况下符合维恩定律，在长波情况下符合瑞利－金斯定律。更重要的是，它与观测数据相符。

不情愿的革命

在不知不觉中，普朗克用量子理论推动了一次不可思议的革命性飞跃，这预示着量子物理学的成形。以他的名字命名的常数可以推导出新的基本测量值，如普朗克时间和普朗克长度，这是理论上的最小单位。

普朗克改变了一切，但后来当被问及普朗克常数时，他将其描述为“纯粹正式的假设……其实，我并没有想太多”。

事实上，多年来他的发现在学术界几乎没有引起什么争议，而普朗克本人也非常努力地让这个理论与经典物理学相容，直到 1905 年科学界才注意到这一点。阿尔伯特·爱因斯坦利用普朗克的量子化能量，解释了经典物理学无法解释的另一个问题——光电效应，从而证明能量量子化是真实存在的。即便这样，普朗克也表示反对，转而支持麦克斯韦的经典电磁学理论。然而，1910 年，爱因斯坦发现了某些与比热容有关的异常现象，即在衡量物体的吸热或散热能力时，对于一个给定对象改变 1 摄氏度所需的能量，只能通过量子理论来解释。普朗克终于被说服了。

剩下的一切

慕尼黑大学物理学教授菲利普·冯·乔利（1809—1884）曾对马克斯·普朗克说过一句名言：“物理学的几乎所有东西都已被发现，剩下来的工作就是填补一些不重要的空缺。”普朗克回答说，在他看来并不是要发现新东西，而是要更好地理解。看样子，他俩都错得离谱。

爱因斯坦奇迹年

阿尔伯特·爱因斯坦（1879—1955）现在被认为是有史以来最著名的物理学家之一，不过一开始他只是一名普通的、不太守规矩的学生。但在1905年，当他自感陷入了一份没啥前途的平庸工作时，他连续发表了4篇科学论文，差不多彻底改变了物理学。

阿尔伯特·爱因斯坦1879年出生于德国的乌尔姆小镇。1880年，他们举家迁往慕尼黑。他的父亲是一位企业主、工程师兼推销员，在慕尼黑创办了一家电器公司。爱因斯坦小时候受到的是公立学校的教育，被认为是一个非常普通的孩子。在他15岁那年，他父亲的公司失去了一个为慕尼黑提供照明的大单子，被迫关门，然后他们又举家搬到意大利的帕维亚。

爱因斯坦最初留在慕尼黑继续他的学业，但随后他难以忍受那里的校风和学风，于是，在一位医生的帮助下，他借口身体不适，回到了他的大家庭。在接下来的几年里，他尝试考入瑞士的大学，甚至放弃了德国国籍（当然这也会免于服兵役）。他是一个大多数科目都比较普通的学生，但在数学和物理方面很突出。年仅17岁的他便获准进入苏黎世联邦理工学院数理教育专业学习。毕业后他却找不到一个教职，于是他在瑞士伯尔尼专利局找了一份工作。不过，这也让他有更多时间思考。那段时间他确实遇到了一些现代技术问题，特别是有关电信号传输和时间同步等问题。这些经历被认为促使爱因斯坦提出了全新的理论。在此期间，他继续自己的研究并且发表论文，但直到1905年，他才对物理学做出了诸多重大贡献。

奇迹年

爱因斯坦用拉丁文“Annus mirabilis”来形容1905年是他“美好的一年”。当时他只有26岁，刚从苏黎世联邦理工学院获得博士学位，还在专利局任职。就在1905年，他发表了4篇具有开创性的论文，每一

天才的一堂课：这是1921年阿尔伯特·爱因斯坦在维也纳的一次演讲课上的照片。后来他搬到了美国。

K

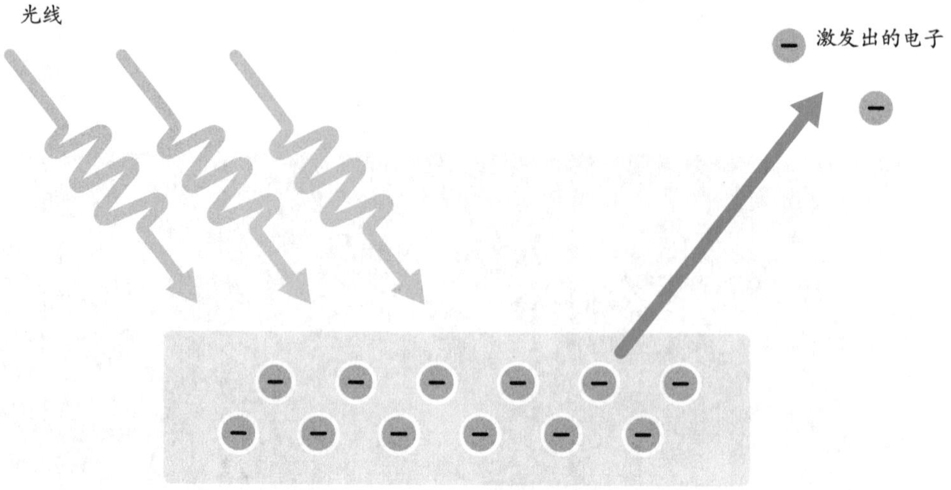

光电效应：这张图解释了光是如何通过光电效应激发电子的。

篇都彻底颠覆了物理学。在这么短的时间内连续发表 4 篇论文，让他几乎在一夜之间成为科学明星。

光电效应

光电效应是指通过照射一块金属来释放电子的现象。实验证明，光必须具备一定的频率或更高的频率才能工作（具体的频率取决于所用的金属）。然而这与理论相冲突，当时的理论认为，光的频率并不会起到任何作用，要想获得光电效应所产生的能量，只需要光照射足够长的时间就行。

爱因斯坦通过光量子解决了这种矛盾。光量子是一种能量波包，在一次激发中能释放所有的能量。如果光量子的频率不够高，这个给定的光子就没有足够的能量来释放电子了。由此他不仅阐明了光电效应，而且证明了光具备波动性和粒子性，从而开启了波粒二象性理论。此外他还指出，光子总是具有量子化的能量，这将普朗克的量子力学推到物理学的前沿，并为之提供了一些坚实的实验依据。

布朗运动

1827 年，罗伯特·布朗（1773—1858）观察到花粉颗粒被困在水中，他注意到这些粒子呈现一个随机、不规则的运动，似乎是由什么引起的，但他并不确定是什么。爱因斯坦不仅描述了这些粒子是如何运动的，而且解释了原因。他用统计力学来描述这种运动，指出它是由无数个水分子对微粒的碰撞引起的，最终导致了运动。这一运动后来被法国人让·巴蒂斯特·佩兰（1870—1942）的实验所证实，成为原子理论的主要证据——像水分子这样小的东西其实是由更小的粒子组成的。

狭义相对论

狭义相对论是观察宇宙天体的相互作用的开创性方法。这一理论假定了各种奇怪现象，比如时间膨胀（时间变慢）和质量增加。

质能方程

$E=mc^2$ 可能是物理学中最著名的方程。然而，爱因斯坦最初并不是这样写的。在 1905 年发表的论文中，这个方程被写成 $m=L/c^2$（用 L 代替 E)。原因是这篇论文的题目为 "*Ist die Trägheit eines Körpers von seinem Energieinhalt abhängig?*"（《一个物体的惯性依赖于它所包含的能量吗？》），研究的是物体的惯性（质量）。

在这篇论文中，爱因斯坦用这个方程来解释能量对质量的影响。这意味着如果你有两个相同的钟摆，其中一个是运动的钟摆，那么它的质量会比静止钟摆的质量大。然而，由于 c^2 是个天文数字（9×10^{16}），附加的质量令人难以置信的微小，所以在我们的日常生活中几乎察觉不到。

1932 年，人们首次测量了中子的质量，很快就发现爱因斯坦的质能方程在亚原子尺度上非常重要。如果你取一个氢原子，它由一个质子和一个电子组成，那么你会发现它本身的质量小于一个质子和一个电子的质量和。丢失的质量被转换成"结合能"，这是保持原子结合在一起的力量。正是因为结合能的释放，核聚变和裂变才成为可能。

有史以来最伟大的物理学家？

阿尔伯特·爱因斯坦一生发表过 300 多篇科学论文。他几乎彻底颠覆了我们对宇宙认知的方方面面，在亚原子尺度以及更深更远的领域对物理学做出了巨大的贡献。所有这些都让他成为可能是有史以来最伟大的物理学家。

盖革－马斯登实验证明了原子内部大部分是空的

原子——一种代表宇宙万物基础的微小基本物质，自古希腊以来一直是物理学中的一个重要概念。尽管存在久远，但人类对原子的实际认知还是很少。直到1911年，随着《物质对α和β粒子的散射及原理结构》（*The Scattering of α and β Particles by Matter and the Structure of the Atom*）这篇里程碑式论文的发表，这种情况才有所改变。

盖革－马斯登实验的背后实际上是3个人的故事：汉斯·盖革（1882—1945）、欧内斯特·马斯登（1889—1970）、欧内斯特·卢瑟福（1871—1937）。

在做实验的那段时期，欧内斯特·卢瑟福已经因为在放射性领域的诸多成就而名声显赫。他发现了3种类型的放射性物质——α射线、β射线、γ射线，并且证明了放射性是原子的自然衰变现象。

盖革在德国的埃尔朗根－纽伦堡大学获得了数学和物理学博士学位。1907年，他来到英国的曼彻斯特大学，给卢瑟福留下了深刻印象，于是成为卢瑟福的研究助理。马斯登是曼彻斯特大学的一名本科生，1909年加入卢瑟福和盖革的研究小组。

研究小组利用卢瑟福发现的α粒子进行实验。他们知道这些粒子是

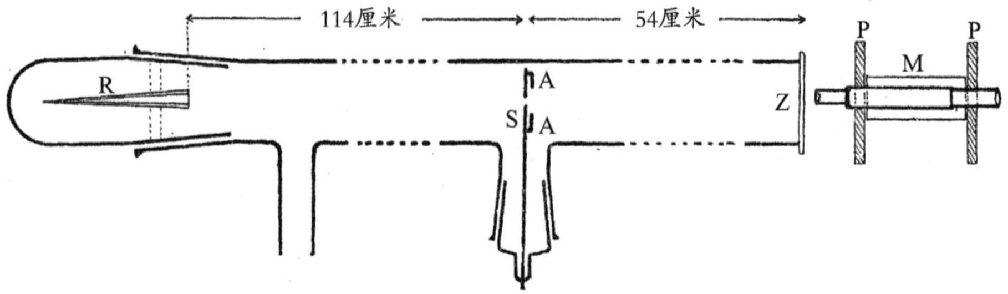

盖革计数器：早期盖革管的图解，用于探测α粒子。当α粒子击中屏幕时，屏幕Z就会闪光。

卢瑟福旗下成员：汉斯·盖革（左）和欧内斯特·马斯登（右）都是卢瑟福的学生，卢瑟福领导这个研究团队进行探索。

由某些元素产生的，比如镭或铀，带正电荷，不过仅此而已。卢瑟福特别想知道它们的电荷与质量比是多少。为了做到这一点，他希望能够计算出 α 粒子释放的数量，同时测量它们的总电荷。尽管 α 粒子太小了看不见，却能产生一种电离现象，电离过程会产生带电粒子，而带电粒子反过来又可以形成电流。正是以此为基础，卢瑟福和盖革制造了一种管状装置，当 α 粒子通过它时，可以计算出电磁脉冲。不过这个装置并不理想，因为粒子会不规则地分散，其中一些粒子产生的电离现象，总是比其他粒子更多或更少。这很令人困惑，因为这意味着 α 粒子偏转的程度比预期的要大。后来卢瑟福和盖革开发出一种技术，只要 α 粒子击中荧光屏，荧光屏就会发出微弱的闪光。不过采用这种方法是一项单调乏味的工作，需要在一间黑暗的房间里，一小时又一小时地弯着腰，对着显微镜数微小闪光的次数。由于无法忍受为此付出的大量努力，卢瑟福让盖革研究散射 α 粒子的效果。

1908年和1909年的实验

1908 年，盖革研制出一个长玻璃管，它的一端放置 α 粒子束放射源（在这个例子中是镭，因为它能释

放出大量的 α 粒子），中心有一个仅为 1 毫米宽的狭缝。α 粒子会沿着管子向下穿过狭缝，在管子另一端的荧光屏上形成一小片闪光区域。盖格发现，如果把管子里的空气抽走，这一小片闪光就会变得更加聚焦。当他向管子里再次注入空气时，闪光又会散开。他还发现，让 α 粒子穿透非常薄（只有几个原子那么厚）的金箔时，闪光会进一步分散。这证明了 α 粒子能够被空气和固体物质散射。

1909 年，马斯登加入该团队，与盖革一起研究大角度散射问题（之前的实验仅限于小角度散射）。他们在金属箔前设置了一个 α 粒子束辐射源，然后将屏幕沿着弧线放在不同的位置上，看看会发生什么。结果他们发现有一个 α 粒子以 90 度角偏转，并且还发现，如果把金属箔换成较重的元素，比如金，而不是像锌这样较轻的元素，就会出现更多的散射粒子。这些实验结果发表在《物质对 α 粒子的散射和对 α 粒子的漫反射》（*On the Scattering of α-Particles by Matter and On a Diffuse Reflections of the α-Particles*）中。受到实验成功的激励后，盖革和马斯登制造了一个更精确的实验装置来进一步检验实验结果。

卢瑟福实验：卢瑟福散射实验装置的图解。环形荧光屏意味着可以检测到任何角度的散射，这比之前的盖革管有很大改进。

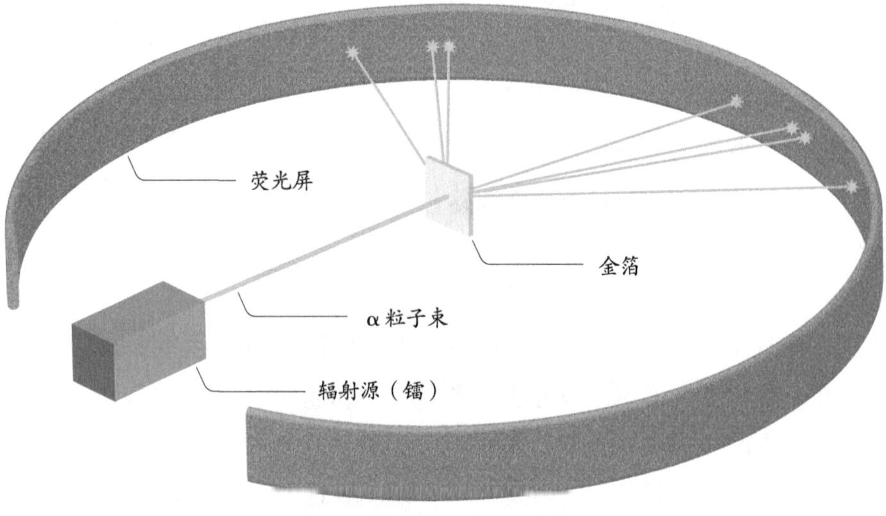

梅子布丁模型

在盖革－马斯登实验之前，原子结构的主要模型是 J.J. 汤姆孙（1856—1940）建立的模型，常被称为梅子布丁模型。它由一个大的带正电荷的原子核组成，周围点缀着一些小的带负电荷的粒子，这些粒子被称为电子（汤姆孙早些时候发现的），就像梅子布丁里装满了小梅子一样。

盖革－马斯登实验

这个开创性的实验是在 1910 年进行的。和之前的实验很像，在该实验中，让 α 粒子束射向一层金箔，再由荧光屏检测散射粒子。这次实验的灵敏度足够高，采用环形荧光屏从各个角度对每个粒子进行了计数（见对页图）。卢瑟福给出的这个计算公式告诉我们，在任意给定的角度，我们预期能看到多少个粒子：

$$N(\theta)=\frac{N_i nLZ^2k^2e^4}{r^2E_k^2\sin\left(\theta/2\right)}$$

实验结果最引人注目的一个方面是，如果在光束正后方放置一个探测器，就会偶尔看到卢瑟福所说的一个现象：

> 这是我一生中遇到过的最不可思议的事情。这就像你用 38 厘米口径的巨炮朝着一张卫生纸射击，而炮弹却被反弹回来打到你自己一般令人难以置信。经过考虑，我意识到这种向后散射的现象一定是碰撞的结果。计算的时候，我发现不可能得到那种数量级的东西，除非另外考虑一个系统。在这个系统中，原子的大部分质量集中在一个微小的原子核上。这时我就有了一个原子的概念，它拥有一个微小、坚实的核心，且带有一个电荷。

基于这一发现，卢瑟福建立了一个全新的原子模型，即今天所说的卢瑟福原子模型。

原子的中心有一个密度大但体积小的原子核，与 α 粒子具有相同的电荷，这会导致产生偶尔完全反向的散射。原子内部的绝大部分空间都是空空如也，导致大多数 α 粒子并没有散射，偶尔碰上电子，它们携带相反的电荷，使得 α 粒子产生偏转。卢瑟福原子模型在很大程度上与我们今天使用的模型相同（只是有一些细微的差别），这一发现为此后的大量原子研究开辟了道路，无论是在物理还是化学领域。

尼尔斯·玻尔阐释光谱线

尽管欧内斯特·卢瑟福已经建立了一个标准的原子模型，但仍有许多事情需要解释，其中最重要的就是光谱线现象，也就是任何特定元素或化学物质产生的神秘光谱线。要解决这个问题，需要尼尔斯·玻尔（1885—1962）这样的天才以及一点点量子力学知识。

尼尔斯·玻尔出生于丹麦哥本哈根的一个比较富裕的中产阶级家庭。他有一个美好的童年。1903年，他成为哥本哈根大学物理学系的一名学生。尽管这个系很小，只有一名教授，不过他很快就对这个学科产生了兴趣。1905年，玻尔将主要精力投入到一场由丹麦皇家科学院举办的物理论文竞赛中，题目是研究一种测量液体表面张力的方法，该方法是由著名的瑞利勋爵（1842—1919）于1879年提出的。玻尔借用他父亲的实验室（哥本哈根大学当时没有物理实验室）做实验。他不仅成功演示了瑞利法是如何测量的，而且还改进了此测量方法。1911年，他获得了诺贝尔物理学奖，还发表了一篇关于电子理论的论文。这是一篇开创性的论文，但几乎没什么媒体进行报道，这可能是论文是用丹麦语写的缘故。

同样在1911年，玻尔去了英国，见到了J.J.汤姆孙（因梅子布丁模型而出名），不过并没给后者留下深刻印象，于是他受邀与卢瑟福一起研究原子新模型。与卢瑟福共事一年后，玻尔回丹麦结婚，并受聘为哥本哈根

原子物理学家：尼尔斯·玻尔年轻时的照片。他对原子结构的研究，让他成为曼哈顿计划的关键人物。

大学教授，教授热力学。

这期间他发表了3篇著名的论文——统称为“三部曲”。在这些论文中，他介绍了自己建立的玻尔原子模型，并解释了光谱线是如何形成的。

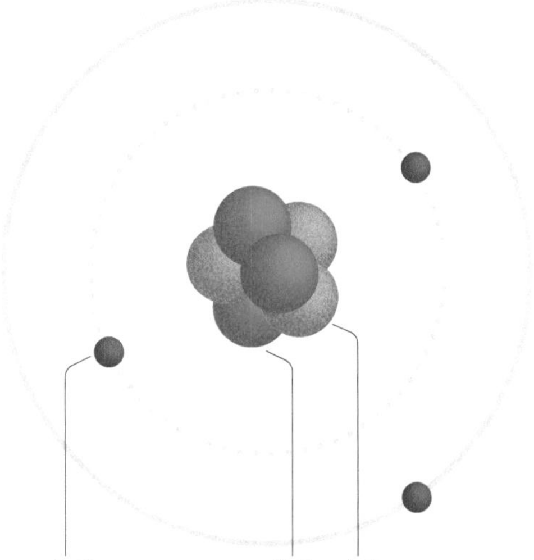

行星模型：玻尔原子模型的图示。由于布局与太阳系相似，因此玻尔原子模型常被称为行星模型。

什么是光谱线？

1885年，约翰·巴耳末（1825—1898）在研究氢时发现了光谱线。他发现通过激发氢气（让电流通过氢气）会分离出一系列的线条。这些谱线以同样的波长显现。由以下公式可得出氢原子的可见光谱线：

$$\lambda = \frac{1}{R_H\left(\frac{1}{2^2} - \frac{1}{n^2}\right)}$$

其中，λ是吸收或辐射光的波长；R_H是里德伯常数；每一条谱线的n值都不同，属于变量。这些谱线后来被称为巴耳末系。自1802年被发现以来，这些线条一直被很好地记录下来，并且科学家们发现了大量不同元素的光谱线，但他们都未能给出明确的解释。

玻尔原子模型

玻尔原子模型的图形我们都比较熟悉：电子围绕着中心的原子核旋转，整个图形非常像一个微型太阳系。这个轨道系统并不是由玻尔创造的，而是由长冈半太郎（1865—1950）在1904年首创的。然而，玻尔成功修改了这个模型，并且很好地解释了光谱线是如何形成的。

玻尔从卢瑟福原子模型着手研究，但他很快意识到，如果原子的结构是卢瑟福认为的那样的话，原子根本就不可能存在。因为根据经典力学的知识，电子沿轨道运行时会发出电磁辐射（就像光谱线一样，会发出所有波长的电磁辐射，而不仅仅是几个特定波长的电磁辐射）。这会使电子失去能量，而在这种情况下，由于

光谱学的用途

正如我们之前提到的，每种化学物质都会发出不同的、恒定的光谱线。但最关键、最重要的是，每一种化学元素、化合物都有自己独特的光谱线。没有两种化学物质的光谱线看起来是完全一样的。这就是所谓的化学指纹。

这给我们提供了一种鉴别任何化学物质的关键方法。你经常会在实验室甚至犯罪现场发现光谱仪，只要选取一个小样本，仪器就能产生一组光谱线，自动读取、识别它到底包含哪些化学物质。

但还有比这更令人难以置信的。我们知道化学物质的光谱线是普适的：不管这个物体是我们身边的一瓶混合物，还是银河系中的超新星，光谱学全都适用。这意味着通过对接收到的恒星发出的光进行光谱学研究，我们就能确定它们是由什么构成的。

光谱学的最新发展意味着，通过研究系外行星（围绕其他恒星运行的行星）大气中的光，我们就能够获得很多关于它们的信息。

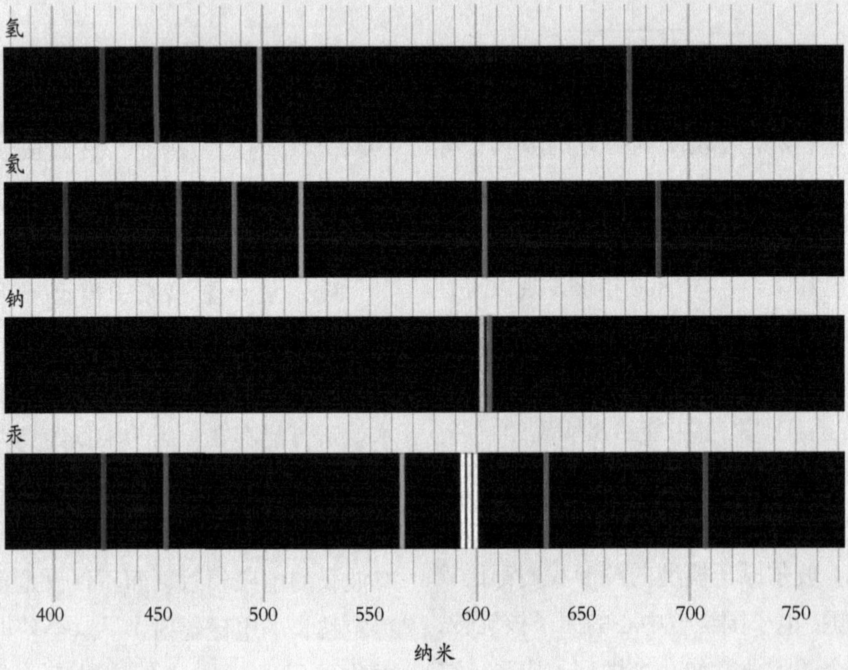

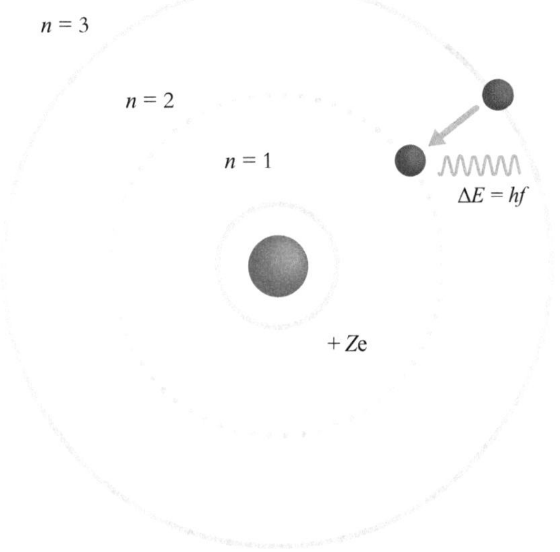

能量传递：玻尔原子模型中的能级及其传递原理的图解。

电荷的吸引，电子会减速并朝着原子核做螺旋运动，最终导致原子在 1×10^{-12} 秒内坍塌。但事实显然不是这样的。玻尔提出 3 条规则，解释了原子不仅不会坍塌，而且还会产生光谱线的原因。

- 原子中的电子绕着原子核运动。
- 电子只会在距离原子核一定尺度的固定轨道上运行。在固定轨道上，电子不释放能量。
- 电子只有在从一个固定轨道跃迁到另一个固定轨道上时，才会释放或吸收能量。

这个模型充分解释了光谱线，因为电子在不同能级之间跃迁时，总会产生相同波长的光谱线，玻尔计算的结果与观测结果相符。固定轨道的能量本质上是量子化的，因为设定的轨道能量总是 h 的倍数（h 是普朗克常数）。尽管玻尔原子模型取得了成功，但它远非完美。它只适用于非常有限的简单原子，比如氢原子、电离氦，因为它只能平面化描述单个电子，假设电子只在二维平面上运动，而事实却并非如此。

还有两个关于光谱线的事实，它们也不能用玻尔原子模型解释：不同的光谱线有不同的亮度；利用足够灵敏的设备我们会发现，使用磁场可以分割光谱线（被称为塞曼分割）。玻尔原子模型是一个不错的开端，它向世人阐释了原子的量子化，但人们很快就明白，这并不是事实的全部。

爱因斯坦发表广义相对论

1915 年，爱因斯坦连续发表了 4 篇关于广义相对论的论文。这些既是他的代表作，也是自牛顿的《自然哲学的数学原理》以来对物理教科书的最大改写，它们彻底改变了物理学。

简单地说，广义相对论就是引力理论。它将空间和时间统一成时空，尽管听起来像专业术语，但它说明了时间和空间的相互影响。为了理解广义相对论，我们需要简化宇宙，将它想象成一个可伸缩的二维平面，就像莱卡弹性面料那样。如果你把一个重球放在这种面料上，球的周围就会随之凹陷变形，形成一个三维空间。同样，我们宇宙中的物质的质量会造成时空的弯曲而形成四维空间。引力来自那些影响时空结构的天体，天体的质量越大造成的凹陷也越大，其他天体更容易靠近凹陷甚至“掉进去”。我们不妨做个类比，这就像在莱卡面料上滚动弹珠，弹珠总是围绕更重的物体旋转。广义相对论关于引力的观点很快成为人们接受的引力形式，因为它不仅解释了牛顿力学所描述的所有现象，而且包括其他一些现象，比如水星进动、由引力引起的光的红移现象等。

“天空中的所有光线都是弯曲的”

1919 年 6 月的一天，《纽约时报》的头条是《天空中的所有光线都是弯曲的》。爱因斯坦相对论的第一个伟大预言成真了。英国天文学家亚瑟·爱丁顿（1882—1944）曾前往非洲西海岸的普林西比岛，观察日全食期间靠近太阳的恒星的位置。他发现，正如爱因斯坦所预测的那样，那些原本看不见的恒星就在那里，而且它们的位置都发生了明显的变化，这种星光偏折现象是由于光在时空中的行进路径被巨大的天体扭曲造成的，比如太阳周围的光就发生了偏折。恒星发出的光会被扭曲，从而明显改变恒星在天空中的位置。

尽管第一次实验的结果有些粗糙且不实，却被全世界誉为爱因斯坦理论的坚实证据。后来，更精确的无线电波实验进一步证实了广义相对论。广义相对论预测的不仅仅是星光偏折现象，还有现已被证实的预言，包括

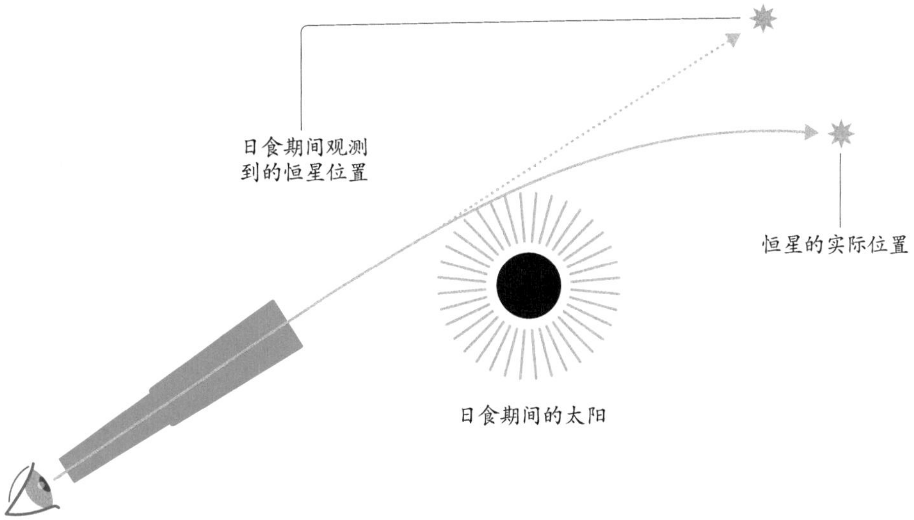

星光偏折：正如阿瑟·爱丁顿在那次日食过程中发现的那样，太阳造成了星光偏折现象，使得原本被遮挡的恒星变得可见。

引力透镜效应、引力时间延迟效应、黑洞和引力波。

狭义相对论

狭义相对论是广义相对论的一个特例。在这种状态下，我们观察到的所有物体要么处于静止状态，要么匀速运动。这个理论有两个前提：第一个前提是光速恒定不变，第二个前提是不存在所谓的绝对观察者——任何一个观察者的观察结果与其他观察者的一样有效。这些表述看似很简单，也很容易理解，却会推导出一些奇怪的结果。

回到书中前面举过的例子（见第104页、第105页），我们已知A、B、C三人有不同的速度（分别为0千米/时、20千米/时、50千米/时）。现在我们想知道他们的“实际”速度是多少，但并不存在一个绝对参考系可以告诉我们答案，每个人的速度完全取决于谁在观察他们。如果你问A，他会说自己没有移动，B在以20千米/时的速度移动，C在以50千米/时的速度移动。但如果你问B，他会说A在以20千米/时的速度朝与C相反的方向移动，C在以30千米/时的速度移动。A和B都是正确的，因为一切都是相对的。

尽管这可能很难理解，但至少我

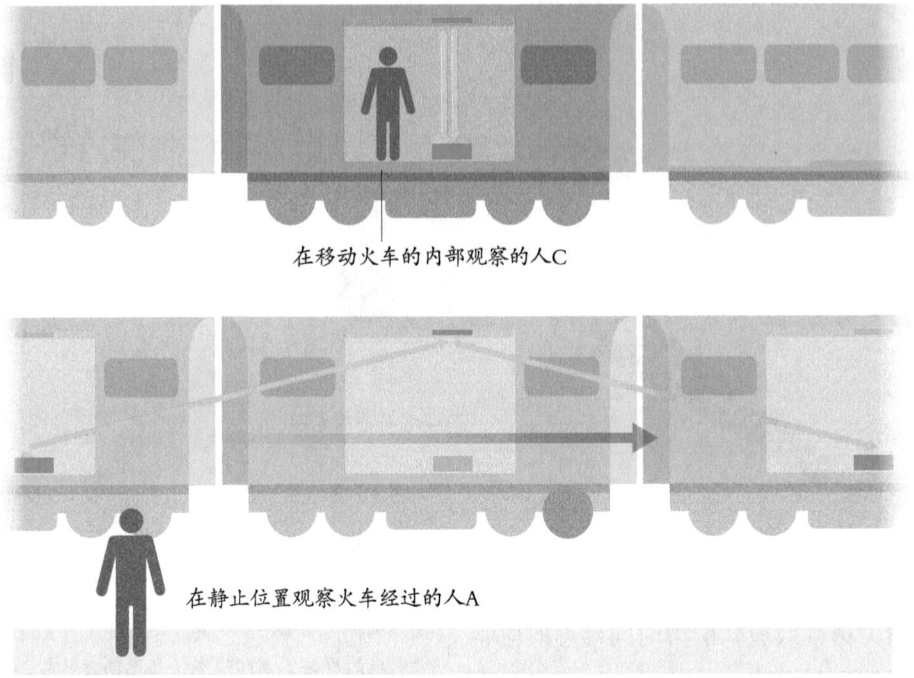

时间变慢：由运动引起的时间长度的变化。光速（黄色箭头所示）保持不变，这就意味着时间必然变慢。

们还可以应付。A、B、C 的速度取决于你问谁，没有哪个答案比其他答案更正确。然而，让这个问题变得复杂的是光——不管你和谁谈论，不管以谁为参照系，光的移动速度总是 *c*（3×10^8 米 / 秒），这可能会引发诸多问题。想象一下，C 站在一列火车的车厢里，这时车厢的地板上射出一束光，光射到车顶，然后撞到一面镜子上被反射回来。C 看到光在以光速 *c* 直上直下地移动。

如果 A 能以某种方式观察这束光，他也会看到光在上下移动。但由于火车在移动，A 会看到光随着火车的移动而移动，因此它上下移动的路径会形成一个三角形。车厢的高度没变，A 观察到的光的路径要比 C 观察到的长。而他们都认同光以完全相同的速度 *c* 在移动。这怎么可能？答案就是，你走得越快，时间就变得越慢。

这也不仅仅是时间的问题。当一个物体运动得足够快时，狭义相对论表明它会变得更短更重。我们怎么从来没有见过这种情况呢？因为物体的运动速度需要非常快——至少达到 70% 的光速时情况才开始变得明显，这就解释了为什么我们从来没有经历过这种情况。然而，我们却能够观察到这对“介子”一类亚原子的明显影响。这些粒子是在大气层外形成的，本应在到达地面前就衰变，但事实并不是这样，因为它们是以接近光速运动的。这意味着它们经历的时间变慢了，所以能够在衰变之前走得更远。

数学中的广义相对论

爱因斯坦为狭义相对论创造了一个数学基础，之后他把这个数学基础发展成广义相对论。然而，广义相对论的数学运算越来越难，即使是简单的方程也需要做大量的运算，以至于“史瓦西宇宙”成为有史以来最复杂的完整系统，尽管它只包含单个具有质量的粒子。为了从数学上描述广义相对论，爱因斯坦必须把宇宙看作一种类似于电场或磁场的巨大场。一旦这样做了，他就能推导出爱因斯坦场方程：

$$R_{\mu\nu}-\frac{1}{2}Rg_{\mu\nu}+\Lambda g_{\mu\nu}=\frac{8\pi G}{c^4}T_{\mu\nu}$$

这个方程看起来好像并不太复杂，但不要被每一部分给愚弄了。这是一种特殊的数学结构，叫作对称张量。它是四维的，需要同时考虑空间和时间。这意味着每个截面完全展开的话，必须依赖10个单独的组件。要想求出一个精确解，需要同时计算40个非线性偏微分方程。这可不是一件小事，正因为这件事非常复杂，所以到目前为止它只能用来描述非常简单的宇宙模型。

Λ 是宇宙常数，1917年爱因斯坦引入它，是为了阻止引力可能造成的宇宙膨胀或坍缩。他创造了这种简便方法来解决他认为方程中存在的问题。当哈勃证实宇宙正在膨胀后，爱因斯坦称之为他一生中最大的错误。然而，就在1998年，人们发现 Λ 实际上是空间真空能量密度的精确解。这似乎表明，即使爱因斯坦做错了什么，他仍然可能发展出全新的物理思想。

海森堡提出不确定性原理

也许比学习物理新知识更重要的是发现我们知识的边界，也就是说，有些东西我们可能永远无法知道。沃纳·海森堡（1901—1976）的不确定性原理超越了这一点，展示了我们无法知道的东西，他还据此做出了预测。

我们知道每件事的发生都是有因有果的。如果把一个台球完美地打到桌子的一角，它就会直接进洞。如果我们以完全相同的方式打出100万次，那台球就总会进入那个洞。从理论上讲，你在斯诺克比赛中打出的任何一个球都是一样的；给定所有的变量，计算机可以精确地算出你打出的所有球的去向。那么我们的整个宇宙也是这样的吗？当然，宇宙比斯诺克桌大得多，包含大约 4×10^{79} 个原子，以及4种基本相互作用——电磁相互作用、引力相互作用、强相互作用和弱相互作用。如果有足够大的计算机，我们能够计算出一切的结果（至少从理论上来说——把我们今天最好的计算机增大到地球的大小，仅仅计算一屋子的原子，需要耗费的时长就是宇宙寿命的许多倍，所以这种装置是不实用的）：地球的形成、恐龙的诞生、火山的爆发，甚至你现在正在读的这本书！这是一个潜在的、吓人的想法，牵扯出许多令人不安的问题，但这是哲学家需要考虑的。作为物理学家，我们在很大程度上并不关心这些后果。

不过，量子力学并不是这种观点，它的一个关键认知是，我们永远无法真正知道将会发生什么。虽然可以根据最有可能发生的事情做出预测，但我们无法绝对确定。所以，之前举的斯诺克台球的例子，我可能计算出有90%的概率会将球打进洞。如果用完全相同的击球方式打100万次，那十有八九会进洞。但十次中也有一次不会进洞，即使算到最后一个原子都是一样的结果。虽然你的整个生活不是由方程控制的，这会让你松一口气，但是我们很难理解这是如何发生的，以及为什么会发生。

核物理学家：沃纳·海森堡是核物理和量子物理领域的重要人物。照片拍摄了他的办公室。

什么是不确定性原理？

假设你想测量一根绳子的长度，你拿一把尺子量得它的长度为133毫米，这是它的真实长度吗？可能不是，因为绳子末端不太可能完完全全结束在133毫米的标记处。相反，你只是四舍五入量出了它的长度。在科学论文中，这会写成（133 ± 0.5）毫米，表示选取最接近的测量值，即 ΔL = 0.5 毫米。现在假设我们要用一个更精确的激光测距仪来测量它，得到的结果是134948573纳米，即使这样也不完全正确；它还是一个四舍五入后的值，实际值为（134948573 ± 0.5）纳米。现在，我们大概知道不确定性是什么了。

能量－时间不确定性原理

物理学中有不止一个不确定性原理，另外一个与能量和时间有关。公式是这样的：

$$\Delta E\Delta t \geqslant \frac{h}{4\pi}$$

看起来这个公式和海森堡不确定性原理的公式一样，只是变量不同。这个公式的惊人之处在于，它允许从无到有地创造粒子。根据 $E=mc^2$（见第117页），一个粒子可以突然出现，只要时间足够短。这些粒子通常被称为真空粒子。

不确定性原理

海森堡提出的不确定性原理（又叫测不准原理）的公式为：

$$\Delta x\Delta p \geqslant \frac{h}{4\pi}$$

这个公式表示一个粒子位置的不确定性乘以动量的不确定性必须大于 h（普朗克常数）除以 4π【有时写成 $\hbar/2$，$\hbar$ 等于 $h/(2\pi)$】。$h/(4\pi)$ 的数值非常小（5.27×10^{-35}），所以这个公式对我们的日常生活从未有过什么影响。可是在亚原子水平上，它却变得非常重要。如果我们把台球缩小到电子那么小，让它在盒子里运动，我们就不可能同时知道它运动的速度和它的准确位置。如果我们能够这么做的话，那么 Δx 或 Δp 必须是零，这时公式不成立。这就意味着当我们测量电子的位置时，测量得越准确（Δx 变小），测量的动量就会变得越不准确【Δp 变大，以保持二者的乘积不小于 $h/(4\pi)$ 的值】。

也许你已经理解了不确定性原理的数学原理，但这似乎只是一个一厢情愿的想法。到底如何看待它对世界的影响呢？嗯，事实证明人类研究一个粒子的影响大约用了20年的时间，

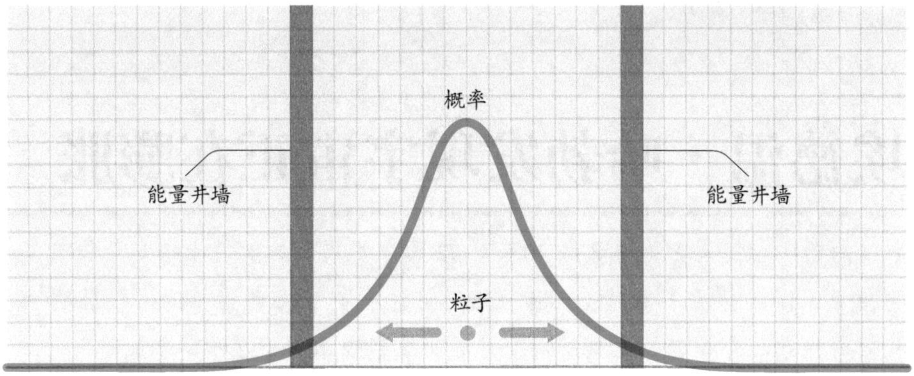

概率分布：图解显示了被束缚在井中的粒子的概率分布。

这就是 α 粒子衰变。由两个质子和两个中子组成的 α 粒子会自发产生放射性衰变，一般都是从重原子（如铀）的原子核中射出。这是一个非常好的、有据可查的例子，但人们对这一过程了解甚少。不确定性原理通过一种被称为量子隧穿效应的现象来解释这一过程。我们可以想象这样一幅画面，一个粒子在井底左右移动（见上图），我们用量子力学来画一个关于它的移动情况的概率曲线（图中显示为绿色）来获知粒子可能出现在哪里。当我们实际看到它时，它有多大可能性在那里。（请记住：由于不确定性原理，我们无法精确算出它的位置。）曲线越高代表当我们测量它时，它越有可能出现在设定位置。你观看这条曲线时，会注意到存在一个很小的概率，粒子可以跑到井外。在经典物理学中，这是不可能的，因为能量井墙是一道屏障，但量子力学不仅允许粒子跑到井外，而且可以预测到。

回到 α 粒子衰变的问题上来，很显然这一过程的确发生了。α 粒子被束缚在原子核内，原子核利用一种“能量井”来保留它，这种“能量井”可以被画成与上图中的井一样。粒子在原子核之外的概率是有限的，但有时候的确发生了，α 粒子自发地从原子核中发射出来。

海森堡的不确定性原理为量子物理学的发展提供了数学基础，还让我们对量子效应可能产生的一些结果有了更深入的了解。由于在量子力学方面的重大发现，海森堡获得了 1932 年的诺贝尔物理学奖。

埃德温·哈勃发现宇宙正在膨胀

约翰·古德里克（详见第70～第73页）扩展了人类关于宇宙可能有多大的想法，而埃德温·哈勃（1889—1953）让宇宙变得更大。他不仅证明了在我们的星系之外还有其他星系，而且证明了宇宙本身正在不断膨胀。

埃德温·哈勃出生在美国的密苏里州，曾在芝加哥大学和牛津大学学习法律，后来因父亲去世他回到美国。1918年他自愿参军，但在奔赴前线前战争就已经结束了。

第一次世界大战结束后，他回到英国，这次是在剑桥大学学习天文学。之后他得到了美国加利福尼亚州威尔逊山天文台的终身职位。一到天文台，他就开始使用最新建成的胡克望远镜，这是当时全世界最大的望远镜。他开始观察星空，集中精力于对造父变星（详见第72和第73页）和星云进行分类的工作。

哈勃：1937年，埃德温·哈勃在加利福尼亚州的威尔逊山天文台使用2.5米口径的胡克望远镜观察星空。

一个新的星系

1924年11月22日，《纽约时报》发表了哈勃的文章《发现涡状星云属于恒星系统群》。

在文章中哈勃指出，M31 星云实际上是另一个星系。次年年初，他发表了一篇更为正式的论文。哈勃的这一发现打开了系外天文学的大门，并且证明了我们所在的星系并不是我们睁开眼睛后唯一看到的星系，事实上还有更多的星系有待发现。

但他并没有就此止步。利用固定的光源（比如造父变星），他发现宇宙中最遥远的星体都在红移，这意味着它们发出的光在到达我们之前波长增加了，向可见光谱区的红端移动了一段距离。不仅如此，越远的星体显示了越大的红移。人们意识到这种红移是由多普勒效应引起的，多普勒效应使得运动物体发出的波随着运动而变短或变长。

红移意味着什么？它表明宇宙中几乎所有的星体都在远离我们。这可以被解读为地球处在宇宙中心的证据。然而，哈勃很清楚有比这更好的解释，他假定宇宙中的一切都在远离彼此。换句话说，宇宙本身正在膨胀！

从逻辑上说，通过时间倒转运行，你会惊喜地发现宇宙开始于一个点——一个被称为宇宙大爆炸的事件。哈勃发现的宇宙膨胀成为大爆炸的主要证据。

那么问题是，如果所有的星系都在膨胀并远离其他的星系，宇宙的中心在哪里呢？

由于宇宙是四维的，这个问题的答案非常复杂。而我们是在三维空间中体验的。最好的思考方法是假设宇宙是一个三维气球，我们在二维空间体验三维宇宙。在气球表面上，如果用点来表示星系，当气球膨胀时，这些点就会彼此远离。实际的原点现在是在气球的中心，这在二维空间里是无法企及的。

宇宙微波背景辐射

哈勃的宇宙膨胀说也解释了宇宙微波背景辐射（CMB）现象。该现象由阿诺·彭齐亚斯（生于1933年）和罗伯特·威尔逊（生于1936年）意外发现，它是一种在天空的任何地方都能捕捉到的微波信号。通过哈勃的研究，人们意识到这是宇宙有史以来第一批光的红移版本，是在宇宙“重组事件”中产生的，也就是宇宙冷却到足以让光子自由移动的那个起始点。

哥德尔不完全性定理发表

就像我们从海森堡不确定性原理中看到的那样，有时候我们不知道的东西才是物理学中更有趣的，而库尔特·哥德尔（1906—1978）通过证明数学的局限性，震撼了科学界。

哥德尔出生在捷克的布尔诺，当时这里是奥匈帝国的一部分。他是一名非常优秀的学生，就读于维也纳大学。他研读理论物理，但很快就爱上了数学和哲学，最终专攻数学逻辑。他将数学逻辑描述为"一门先于其他学科的科学，它包含了所有科学的基本思想和原则"。

他偶然看到了《数理逻辑原理》【*Grundzüge der Theoretischen Logik*，威廉·阿克曼（1896—1962）与大卫·希尔伯特（1862—1943）合著】一书，书中提出一个令他着迷的问题：一个形式系统中的公理能否足以推导出系统中所有模型的每个命题都成立？换句话说，我们能证明一切吗？

获得博士学位后，哥德尔留在了维也纳，在1931年发表的论文《论〈数学原理〉及其相关系统的形式上不可判定的命题》中提出他的不完全性定理。它包含两部分内容。

第一不完全性定理：

任意一个包含一阶谓词逻辑与初等数论的形式系统F都是不完全的，也就是说F系统中有一些既不能证明，也不能否定的命题。

说明：如果形式系统是一致性和有效公理化的，那么就是不完全的。

第二不完全性定理：

如果系统含有初等数论，当系统无矛盾时，它的无矛盾性不可能在系统内证明。

说明：公理的一致性无法在系统内得到证明。

不完全性定理的意义

哥德尔不完全性定理并不容易读懂和理解，坦率来说，它的形式证明令人难以置信，不过它的普遍意义相当清楚。当我们试图证明任何东西的时候，需要使用某种系统，在物理中使用的是数学和逻辑。任何系统的基础都是一组公理——我们假设这些公理是正确的，并且系

统的其他部分都是基于这些公理得出的。例如，在代数学中就有许多公理。

自反公理：$a=a$

对称公理：如果 $a=b$，则 $b=a$

加法公理：如果 $a=b$, $c=d$，那么 $a+c=b+d$

尽管这些看起来显而易见，但它们都是假设。我们并没有证明 $a=a$ 为真，只是选择而已。哥德尔第二不完全性定理向我们证明：一个系统没有办法证明它自己的公理。这表明你选择的公理总是系统的极限。

横向思维：库尔特·哥德尔，摄于普林斯顿高等研究院。他对哲学和物理的兴趣促使他以不同的方式看待事物。

第一定理告诉我们一些更令人不安的事情。如果建立体系的规则总是一样的，那么总会有一些无法回答的问题。以这个方程为例：$42 \div 0=x$。它的形式是正确的，但没有答案。数学中还有很多没有答案的例子，为了回答这些问题，需要一种新的数学形式（虚数 i 就是这样一个例子）。不过，哥德尔不完全性定理告诉我们，有些问题没有答案。

那该怎么办呢？最终结论就是，尽管我们尽了最大努力，但探索宇宙的方法是不完美的，只会产生不完美的结果，总会有我们无法找到答案的问题。但这不会阻止物理学家继续尝试！

弗里茨·兹威基意识到我们漏掉了宇宙的大部分

随着更为强大的望远镜和观测设备的发明，宇宙似乎向天文学家展示了它的所有秘密。然而，弗里茨·兹威基（1898—1974）对星系团进行的一项相当低调的计算，却揭示了我们实际上错过了宇宙的大部分。

兹威基出生在保加利亚的瓦尔纳，他的父亲曾是挪威驻瓦尔纳的大使。6 岁时他搬到瑞士，和祖父母住在一起，他在那里开始念书，后来考入苏黎世联邦理工学院学习数学和物理。27 岁时，他得到加州理工学院的一个研究员职位，主要研究超新星（“超新星”一词是他为大质量恒星爆发现象而创造的）。

1933 年，兹威基在研究星系团时，率先使用位力定理进行了一系列计算（位力定理被用来描述由大量粒子组成的稳定能量系统）。他特别研究了后发座星系团，这是一个由 1000 多个星系组成的巨大星系团，距离地球大约 3.21 亿光年。

按照标准做法，星系质量可以用它们的亮度来测量。不过，兹威基按照速度往回推算，他发现计算出的星系移动得太快，后发座星系团的质量肯定比根据亮度计算得到的质量大 40 倍左右。于是，他把这种看不见的物质命名为暗物质。

兹威基的理论一开始并没有被广泛接受，直到多年以后薇拉·鲁宾（1928—2016）在发表的论文《从 NGC 4605 得到 21 个具有大范围光度与半径的星系团的旋转特性》（*Rotational Properties of 21 Sc Galaxies with a Large Range of Luminosities and Radii from NGC 4605*）中，通过引入暗物质阐明了天文学中的很多问题（主要是那些跟星系和更大质量的天体有关的问题）。

星系自转曲线

我们通过观测可以绘制出整个星系的质量分布图，从星系的中心开始，那里聚集着大量恒星和黑洞，越向外，分布的数量越少。从这一点我们就可

观星者：弗里茨·兹威基，1937年摄于加利福尼亚州的帕洛马山上。他提出的暗物质概念填补了人类认知上的很多空白。

什么是暗物质?

尽管人们对暗物质知之甚少，但关于它可能是什么实际上存在着以下理论。

黑洞：这个概念在很大程度上已经被忽略了，因为虽然黑洞不发光，但黑洞的影响是显而易见的。如果暗物质是黑洞的话，我们肯定会发现它。

大质量致密晕天体：简称MACHOs，由一些普通物质组成的致密晕天体拥有巨大的质量，却不会发出太多的光，比如行星、褐矮星和中子星。不过即使我们对它们的数量进行最大胆的估计，也无法解释那些丢失的质量。

大质量弱相互作用重粒子：简称WIMPs，这是最有希望的候选者。它们是非常小的粒子，只通过引力相互作用和弱相互作用与宇宙的其他部分相互作用。这使得它们很难被探测到，即使其数量非常大。

引力理论修正：也许是爱因斯坦把引力搞错了，它并不总是线性的。引力方程并不像我们想象的那么简单，也许在宇宙中结团成块的物质周围或外部的引力变得更强，只是我们还没有解出方程。

其他维度的质量：这是一个稍微有些奇怪的想法，引力可以作用于维度，这意味着暗物质只是处在不同维度的物质（所以我们看不见它），但仍有足够多的能量形成明显的引力效应。

暗能量

暗物质只是让物理学家们感到“失踪之谜”困惑的开始，一个更大的问题来自暗能量——一种充满空间的能量，也是宇宙膨胀的原因。我们对它几乎一无所知，但它占据着我们整个宇宙的68.3%（暗物质占26.8%，正常物质只占4.9%），我们对暗能量的了解甚至比暗物质还要少。

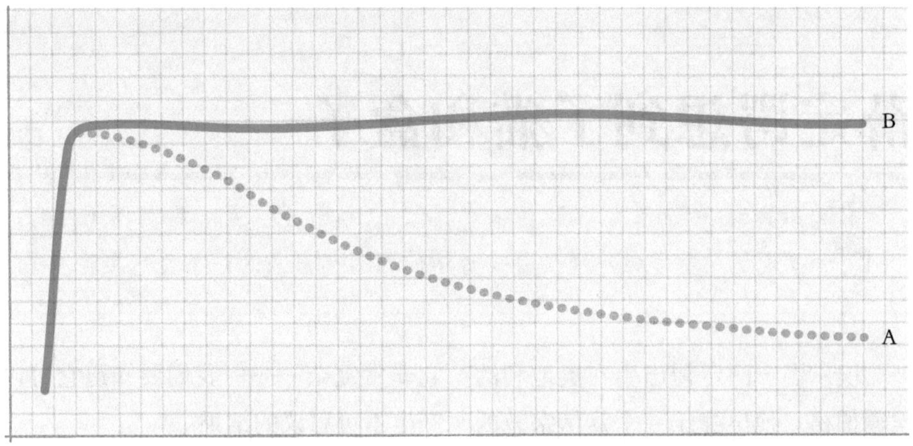

星系旋转：这张图显示了星系旋转速度的理论预测值和实际观测值之间的差异。

以推算星系的运动以及旋转状态。我们也可以用无线电测量星系旋转的实际速度，结果迥然不同。如上图所示，A 表示预测的星系自转曲线，B 表示实际观测的星系自转曲线，二者完全不同。薇拉·鲁宾对此的解释是以暗物质形式补充额外的质量。奇怪的是，为了弥补星系丢失的质量，暗物质基本上不存在于星系中心，距离我们越远的星系这一情况越普遍存在。总体来说，银河系中大约 90% 的物质其实是暗物质，而且这种情况也不仅仅出现在我们的星系中，我们观测到的每个星系几乎都遵循类似的模式，所有星系中都存在大量的暗物质。

系外暗物质

暗物质不仅需要在星系旋转曲线中存在。正如兹威基展示的后发座星系团的情况那样，巨大天体（比如星系团、巨型星系团等）也需要暗物质存在，而且数量巨大。

天体的质量越正常，暗物质的含量就越高。我们可以绘制一幅暗物质地图，利用它我们可以在整个宇宙中寻找暗物质，从而形成一个巨大的宇宙网。尽管这意味着什么，为什么会形成这种形状，目前我们仍一无所知。

这种物质缺失是一个巨大的问题；据估计，暗物质的数量大约是正常物质的 5.5 倍，它也被称为重子物质。直到今天，暗物质仍然是天文学乃至整个物理学中的最大知识空白之一。许多科学家团队正在努力探究，试图用不同的方法来识别暗物质，他们希望能够尽早解开这个谜团。

薛定谔想到了猫和盒子

有关薛定谔的猫想必你已经很熟悉了。这是埃尔温·薛定谔（1887—1961）为了说明一些非常难懂的量子力学问题而想出来的一个思想实验。

埃尔温·薛定谔出生在奥地利的埃德伯格。他出身于一个笃信宗教的富裕家庭，受过相当良好的教育，后来在维也纳大学学习物理学，尤其对理论物理特别感兴趣，可能跟他的背景有关系，从一开始他就采用更抽象、更理论化的方法来从事研究。第一次世界大战爆发时，他从维也纳大学毕业，在奥地利的炮兵部队担任军官。战后，他来到德国的耶拿大学任职，1926年转到苏黎世大学。

正是在苏黎世大学，薛定谔发表了著名的方程：

$$i\hbar\frac{\partial}{\partial t}\psi(r,t)=\hat{H}\psi(r,t)$$

这是一个预测量子系统随时间演化的复杂方程，方程最重要的部分是 ψ 函数，被称为波函数。它代表一个量子态系统的一切（这个系统可以是任何独立的实体，比如一台发动机、一个人或者一个密封的盒子）。通过求解它，我们可以得到系统任何属性的答案。我们不会在此研究这个方程它非常复杂——但我们要知道它可以产生不可思议的结果。

量子化：薛定谔方程为普朗克提出的能量量子化提供了严谨的数学依据，从而用来解决诸如替代玻尔原子模型之类的问题。

波粒二象性：薛定谔方程可以把粒子当作一种波来处理，当粒子处在一定条件下，就会表现出类似于波的属性。有些人认为，这证明了所有物质都是波，并简单显示出粒子的属性。

不确定性原理：薛定谔方程也为海森堡不确定性原理提供了依据。这个原理表明，并不是所有事情我们都能够知道。

量子隧穿：海森堡解释了量子隧穿效应，而薛定谔方程在数学上证明了这一点，并预测了该效应出现的概率。

数学基础：埃尔温·薛定谔，拍摄于1933年。他的公式几乎全部是用数学方法推导出来的，所以很难描述其含义。

波函数坍缩：为了使用薛定谔方程，需要求解 ψ。这意味着在利用薛定谔方程解一个问题时，我们需要“坍缩”波函数 ψ，才能得到可观察量。

猫从哪里进去的？

量子物理学总是令人困惑和费解，甚至在我们开始研究数学运算之前就是如此。量子叠加态、波函数坍缩、波粒二象性，这些都不太容易理解。1935 年，薛定谔在其著作《量子力学的现状》里提出了著名的思想实验——“薛定谔的猫”，描述一个看似矛盾其实有道理的自然系统的本质。

想象一下，把一只猫放在一个盒子里。盒子是完全密封的，除非你打开它，否则你无法知道盒子里面到底发生了什么。盒子里有一种人为设计的装置——薛定谔描述的这个装置由一个盖革计数器和一个小型放射源组成。一小时内，放射性物质的一个原子衰变的概率是 50%，不出现原子衰变的概率是 50%。

如果真的有原子衰变，那么盖革计数器就会嘀嗒作响，释放一把锤子，打碎一小瓶毒气，毒气就会充满盒子，杀死猫。这里的重要因素是盒子里的猫是死还是活有一个随机的概率（我们无法预测）。那么到底是哪一个？在经典物理学中，答案很简单，不是这一个就是那一个，但我们只有打开盒子才能知道答案。然而，在量子物理学里，猫存在于量子叠加态中，在我们打开盒子之前，它既是活的也是死的。

死的还是活的？根据量子物理学，薛定谔的猫以量子叠加态存在，盒子被打开前既是死的，又是活的。

好吧，我们有一只猫，它既是活的又是死的，它是任何一种量子力学系统的替代品，具有多种结果。从数学上说，答案是不确定的，直到你解决了这个问题，量子力学不会总是给出相同的答案。虽然这种问题可能有些道理，但得出的实际结论似乎仍然非常抽象。很难理解，你发现猫已经死了一段时间，但这只发生在盒子被打开的时候。不幸的是，这种困难只出现在我们人类理解它的能力上，而数学本身是完美的。当我们看到一些关于量子力学如何工作的潜在解释时，可能会更容易理解它。

多世界诠释：休·艾弗雷特三世（1930—1982）提出一种解释，量子力学并不能告诉我们事件是如何发生的，但能告诉我们要走哪条路。它假定所有结果都在现实中同时发生，当通过观察让波函数坍缩时，我们只是进入了其中一个现实。在薛定谔的猫这个例子里，只有我们打开盒子，才能确定过去发生了什么，从而解释猫是如何在一段时间内死去的，即使波函数刚刚坍缩。

客观坍缩理论：这种观点认为猫（或其他任何系统）的状态在某种程度上是由自身或“宇宙”观察决定的，这意味着波函数一旦形成，就会自发地坍缩，这使得它们在很大程度上成为一种数学结构。

一种量子头痛症

如果你还没有真正理解量子论，不要担心，即使是顶尖的量子物理学家也很难理解它在实际生活中到底是如何工作的，转而专注于数学层面的解释。自从被发现以来，它就一直困扰着最伟大的科学家的头脑，今天仍然如此。用理查德·费曼的话来说：“我想我可以有把握地说，没有人能完全理解量子力学，任何声称已经彻底理解量子理论的人不是说谎，就是狂妄。”

哥本哈根诠释：这种解释被普遍认为是正确的。当盒子被打开时，波函数会坍缩，猫不是死了就是活着。也就是说，即使你发现猫已经死了，在你打开盒子那一刻之前，它也不会真的死了，即使你打开盒子时猫已经死了 30 分钟。这是一种完美遵循数学逻辑而不需要任何额外解释的理论，但它同样是最难理解的。

两颗原子弹被投到日本

第二次世界大战不同于以往任何一场战争。这是一场技术战争，在实验室和大学里的投入几乎跟战场上一样多。通信技术、密码破译、火箭开发，所有这些都对战争有贡献，而原子弹无疑是其中影响最大的。

1945 年 8 月 6 日，一颗原子弹被投到日本的广岛。3 天后，第二颗原子弹被投到长崎。这是曼哈顿计划持续 6 年的高潮。曼哈顿计划由 J. 罗伯特·奥本海默（1904—1967）负责。在他的领导下，科学家们试图尽快造出原子弹，但这一过程中需要处理大量问题：开发合适的材料，设计最好的构造，以及确保按计划爆炸。直到珍珠港事件爆发，也就是美国参战之后，这个计划才真正启动。此后，研发的规模大大增加，美国、加拿大、英国的主要科学家在热力学、电磁学和凝聚态物质等不同领域进行研究。第一次核试验代号为“三位一体”，1945 年 7 月 16 日，在距新墨西哥州索科罗约 60 千米的废弃荒地上试爆，爆炸威力相当于 2.2 万吨 TNT。这次试爆的巨大

释放死神：1945年8月9日，投到长崎的原子弹爆炸后形成的蘑菇云。

成功，标志着盟军对日作战的决定性发展。随后美国分别在广岛和长崎各投下一颗原子弹，一颗代号“小男孩”，另一颗代号“胖子”，这是核武器毁灭性力量的展示，造成日本数十万人员的伤亡。短短 6 天后，日本投降，第二次世界大战结束。

核弹是如何工作的？

各种核弹的具体工作原理各不相同，但它们都是利用原子核的裂变或聚变反应。以原子核的裂变反应为例，在这一过程中会释放出大量能量，最关键的是释放大量的高能中子。中子与其他大原子核碰撞，导致原子核分裂，从而产生更多的能量和高能中子。这种链式反应可以让相对较少的物质，以令人难以置信的大爆炸方式迅速产生巨大的能量，爆炸威力是 TNT 的数千倍，而今天的原子弹的威力是当年投到日本的原子弹的数千倍。

战争结束后

原子弹的投放改变了人们的战争观念。1945 年之后，核武器被大量制造出来，正如我们所知，这种武器很可能会毁灭全世界。这彻底改变了国际政治格局，随之而来的冷战对整个世界产生了重大影响。阿尔伯特·爱因斯坦曾说过：“我一生中所犯的最大错误，就是在建议罗斯福总统制造原子弹的信上签了名。”

不过，对核能的研究不仅仅是破坏力方面，核裂变、核聚变很可能是我们未来几十年照明的主要能源。尽管有些核恐慌，但我们才刚刚开始意识到核能的巨大潜力。

巴丁和布拉顿研发出晶体管

我们生活在晶体管的时代。晶体管是一种小型开关，要么关，要么开，用 0 或 1 来表示。我们每天都在与使用晶体管的物体打交道。就彻底改变全世界的发明来说，晶体管很可能是最重要的发明之一。晶体管问世不过 70 年左右的时间，但它已经彻底改变了我们的生活方式。

第二次世界大战促进了计算机技术的繁荣。最初，计算机使用的是三极管——一种用于电子信号放大器的大型玻璃阀。三极管通过控制电压用作开关，它的开启和关断可以分别用 1 和 0 表示。不过它又大又笨重，很容易停止工作。人们对其进行了大量研究，毕竟它对密码破译和无线电通信很有用。

战争结束后，贝尔实验室的威廉·肖克利（1910—1989）开始尝试使用半导体缩小三极管的尺寸。正是在这个时候，他开始与约翰·巴丁（1908—1991）和沃尔特·布拉顿（1902—1987）合作。

他们利用半导体的电子迁移率（随后会有解释），试图创造一个没有活动部件的“开关”。开始时他们并没有取得多大成就，早期制造的晶体管非常不可靠，时而正常工作，时而不能，非常脆弱。尽管他们尝试了各种各样的方法，但都没什么进展。

然而，就在 1947 年 12 月他们取得了实质性突破。他们使用一个塑料楔子，上面绑两片薄金箔作为导体，并在每片金箔上缠绕了导线。当电压通过基极导线时，来自发射极导线的信号将被放大，并从集电极导线发出（详见第 150 页图解）。

晶体管是如何工作的？

最初的晶体管设计在 1951 年被效率更高的双极晶体管所取代。这两种晶体管的工作原理是一样的，尽管双极晶体管更容易理解一些。半导体主要由 3 部分组成，其中两个其实是相同的材料——锗，或者最新的硅。在硅部分的结构中，所有原子都是被完全束缚住的，所以没有自由电子。

计算机先驱：巴丁、肖克利和布拉顿（从左往右）在实验室成功研制出晶体管后不久拍下的照片。

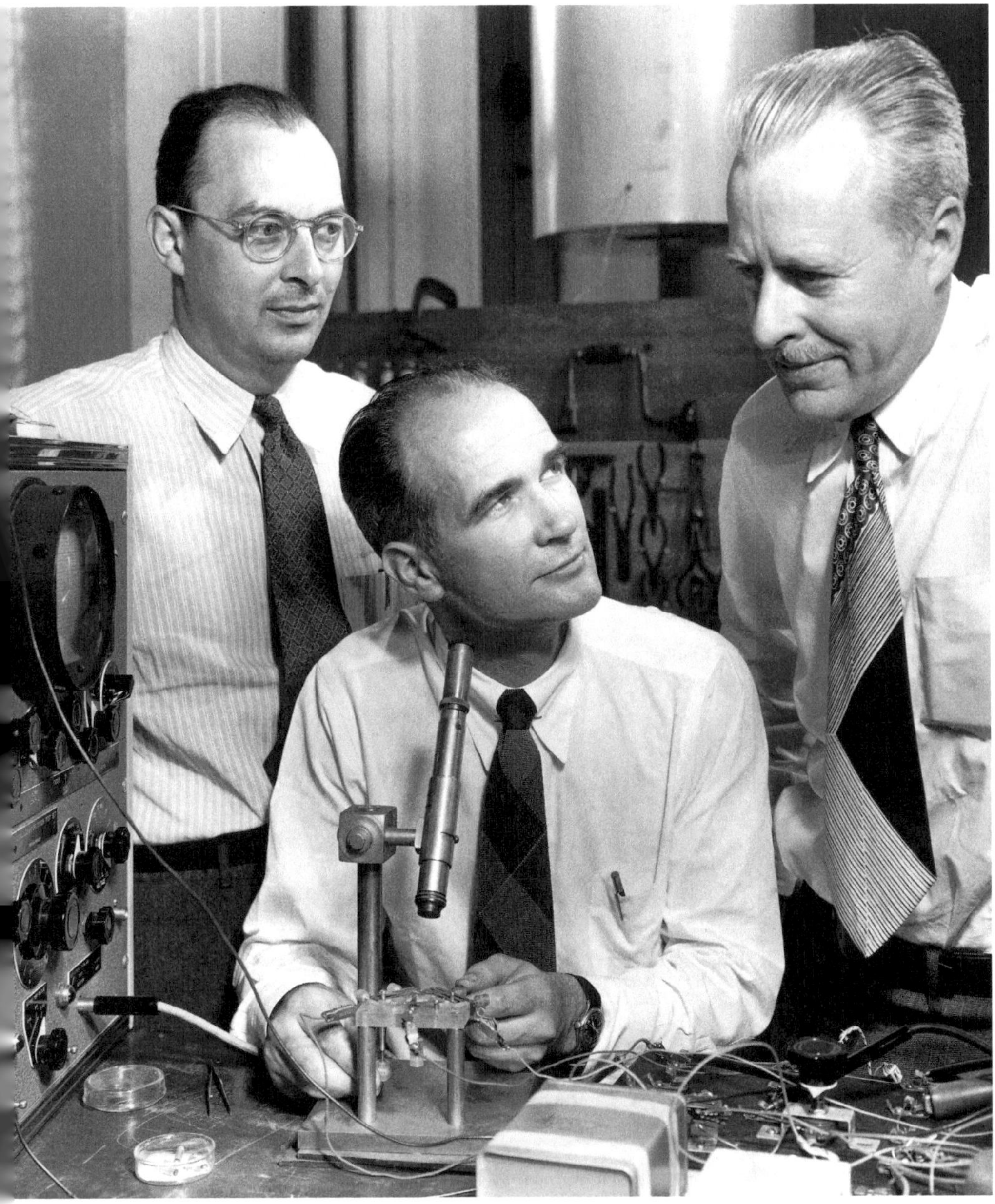

没有自由电子就意味着不会导电。然而半导体会被人为“掺杂”一些物质，大约每 1000 个硅原子中就有一个被替换成另一种元素的原子。有两种方法可以做到这一点：添加像磷这样的元素引入额外的电子，就会产生多余的自由电子；或者加入硼这样的元素，就会减少跟原子结合的电子数量，释放自由电子。这样一来，我们更容易想象出缺少电子的原子会有“空穴”。尽管这种空穴并不真实存在，但比起电子的运动，它似乎更容易被想象出来。

由于电子带负电荷，所以带有附加电子的半导体被称为 N 型半导体；而缺少电子的半导体被称为 P 型半导体，因为这些“空穴”带正电荷。值得一提的是，这两种材料本身并不带电。当它们相互接触时，N 型半导体的多余电子就会流到 P 型半导体上，填补所有空穴。在这里会形成一个“耗尽层”，阻止更多的电子进入 P 型半导体。如果对 P 型半导体施加正电压，就会突破耗尽层这个屏障，让电子顺利通过。这意味着利用电压，我们可以创建一个“开关”，不需要单独的活动部件，就可以立即打开或关闭相应的装置。这就是我们在现代化设备中最常使用的 1 和 0，关断晶体管为 0，开启晶体管为 1。

今天的晶体管

开发晶体管让缩小计算机的体积

理论功能：最早的半导体的结构示意图。尽管体积庞大和过于笨重的设计，让第一代半导体在实际生活中几乎毫无用处，但作为一个论证概念它是可以运行的。

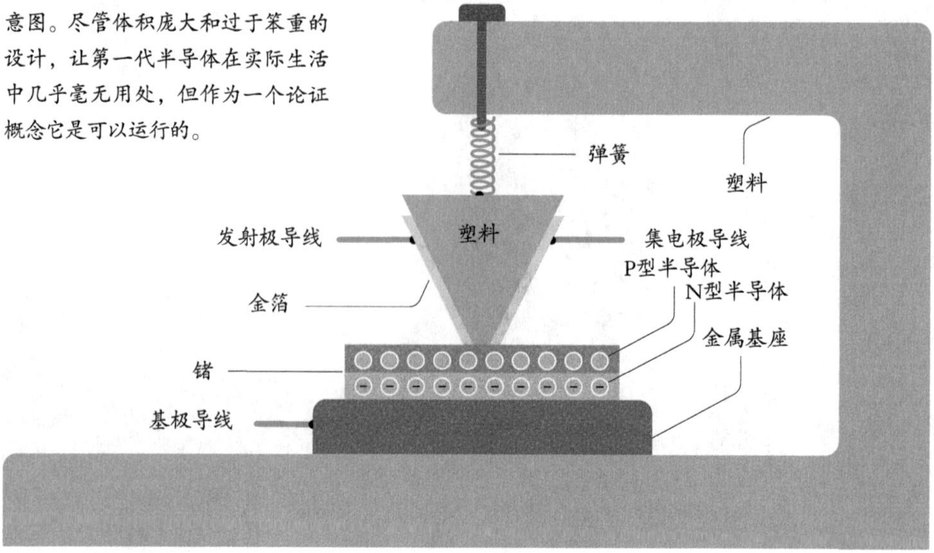

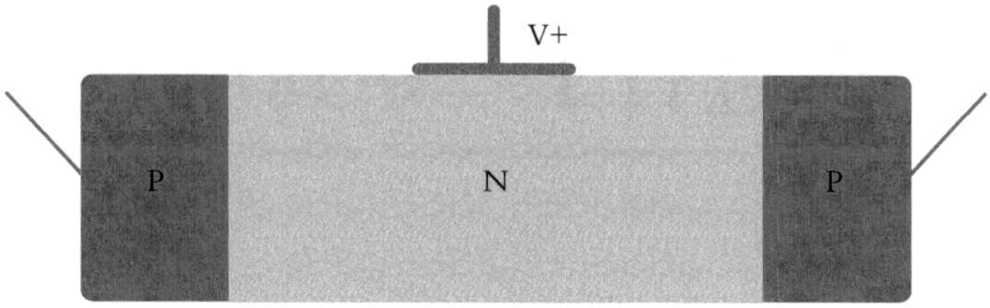

无处不在的技术：现代晶体管的工作原理简图。在所有的电子设备中我们都能找到数以百万计的半导体器件。

成为可能，在此之前计算机的体积一直非常庞大。

随着人们研发出越来越小的晶体管，美国计算机企业家戈登·摩尔（生于1929年）创立了著名的摩尔定律。该定律指出，集成电路上可容纳的晶体管的数量大约每两年翻一番【译者注：后来修订为每隔18个月】。如今，我们已经能够制造出非常小的晶体管，大小只有几十纳米。如果晶体管变得越来越小，就需要考虑量子效应，比如即使在关断了晶体管的情况下，量子隧穿效应也会引起电流的产生。如此小的尺寸使得我们可以在许多产品中安装数量惊人的晶体管。从手机、计算机到游戏机，所有安装了微处理器的产品中都有数不清的晶体管。它们能将软件编码的1或0转换成电话信息传递给你的家人，或者用计算器检查一下我在这本书中提到的数学运算是否正确。在撰写这本书之际（2015年），英特尔公司发布了一款新芯片，它的表面积比普通邮票还小，包含大约72亿个晶体管。每个晶体管只有14纳米长。

第一个晶体管？

1925年，朱利叶斯·埃德加·利林菲尔德（1882—1963）获得一项晶体管专利，这种晶体管与巴丁、布拉顿发明的晶体管非常相似。然而，他并没有对这项技术发表过任何论文，而且专利技术中提到的许多材料事实上都不可用，所以他从来没有制造出一个可用的模型。正因为这个原因，他的贡献在很大程度上被忽视或遗忘了，而巴丁和布拉顿获得了所有的荣誉。

理查德·费曼进行了一系列讲座

我的一位物理老师曾经对教室里的学生说："没有哪堂物理课是完整的，除非引用理查德·费曼的名言。"老实说，他说的没错。费曼的讲座课程在20世纪60年代早期就已成为物理教学的黄金标准，并且在世界各地广泛使用，一直到今天。

理查德·费曼（1918—1988）出生于美国纽约皇后区的一个普通白领家庭。9岁时，他们举家迁到法洛克韦，他在那里上的高中，是一名非常聪明的学生。15岁左右，他已经自学了大量数学知识，比如微积分、高等代数和解析几何。在获得麻省理工学院的学位之前，他已经开始研究自己创造的符号形式，并且发表了两篇颇受重视的论文。1939年本科毕业后，他以优异的成绩进入普林斯顿大学。正是在这段时间，他开始形成自己独特的研究风格，也就是把复杂而困难的数学问题分解成易于理解的形式。他还写了一些带有挑战性的量子力学方面的研究论文，他组织的专题研讨会有时也会引来像阿尔伯特·爱因斯坦这样的伟人。

甚至在1942年获得博士学位之前，他便被招进了"曼哈顿计划"，即美国研制原子弹的计划，他从事原子弹潜在威力的计算工作。尽管他属于一个级别相对较低的项目组成员，但尼尔斯·玻尔经常跟他讨论问题。这在一定程度上是因为其他许多科学家太过尊重这位伟人，不敢与其坦率交流，只有费曼会直言不讳地指出玻尔的不足。

1945年6月16日，费曼病入膏肓的妻子去世，于是他把全部精力都投入到工作中，但他发现自己的内心开始变得挣扎。此前，他曾多次拒绝康奈尔大学的工作邀请，但这次他决定接受并搬回纽约。1945年10月，费曼的父亲突然去世，他再次遭受到打击。

从那以后，他发现自己无法完全专注于自己的研究，所以开始关注一些不那么重要的物理问题，这样解决起问题来不那么费力。在此期间，他

沟通天才：理查德·费曼，拍摄于1959年。他的系列讲座已成为物理教师在教学上的黄金标准。

开始对量子电动力学产生了兴趣，甚至参加了 1947 年的庇护岛会议，这次会议聚集了美国最聪明的头脑。

会后，费曼继续完善他的物理学思想，并发展出自己的数学方法。此外，他还创建了费曼图，这是一种解释粒子相互作用的方法。1948 年，他在一次会议上提出了费曼图，但结果很失败。因为他提出的这种激进的新方法和看起来有些奇怪的新图表让听众非常困惑，当场遭到许多著名物理学家的严厉抨击，包括保罗·狄拉克和尼尔斯·玻尔。不过，这种简单且卓越的新方法并没有被所有与会者

费曼图

费曼图（见下图）是亚原子粒子相互作用的表现形式，其视觉特性比支撑它的方程更容易让人理解。正是这项成果为费曼赢得了诺贝尔奖。

费曼图显示了电子（e^-）和正电子（e^+）相互碰撞并湮灭，产生 γ 虚光子的过程。γ 虚光子随后衰变为夸克（$\bar{q}$）和反夸克（q）对，反夸克随后释放出胶子（g）。

图中 *y* 轴表示空间，*x* 轴表示时间。值得注意的是，反粒子被描述为时光倒流。这是数学上的需要，它们（可能）实际上并没有回到过去。

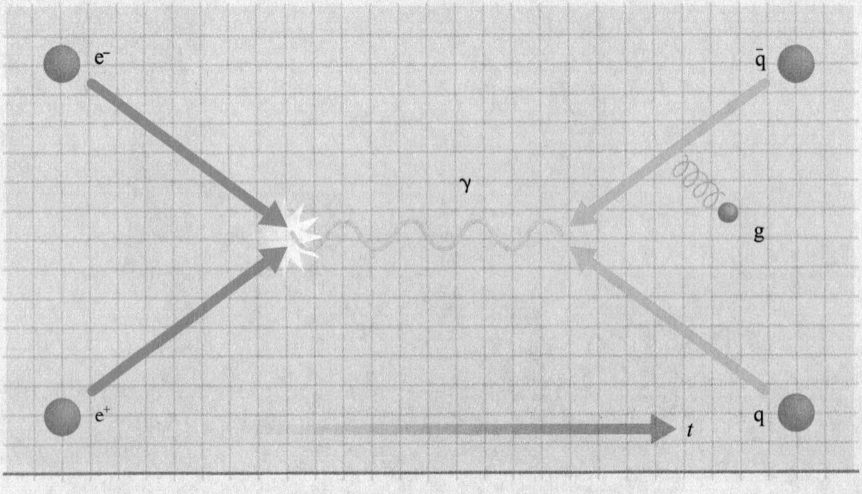

轻视，等到了 20 世纪 50 年代早期，费曼图已经成为物理界的一个常用工具了。毫无疑问，它的广泛传播得益于它可以便捷地转换为计算机可读格式，方便计算和应用。

标志性讲座

1952 年，费曼搬到加州理工学院，研究超低温流体和弱相互作用，同时继续他的费曼图研究工作。他还教授物理课，并成为一名颇受欢迎的老师，尽管还不是日后那位复杂物理问题的卓越传播者。应邀重新进行讲座后，他逐步形成最终广为人知的公众形象。他在 1961 年至 1963 年间推出了物理课新系列。费曼的独特风格和魅力让他的授课内容被校方录音，同时依据他的课堂笔记整理成册，出版了《费曼物理学讲义》（*The Feynman Lectures on Physics*）系列，这些书成为现当代最伟大的物理学著作之一。

这些讲义之所以被如此广泛地传播，部分原因是费曼给人的印象。他的整个生活都围绕着物理展开，他还看到了物理的好与坏。而他自己的生活也深受物理学的影响，他的系列讲座可以看作他自己的人生轨迹。

《费曼物理学讲义》于 1964 年首次出版，该书分为 3 卷，主要包括力学、光学、热力学、电磁学、电动力学和量子力学知识。在这套讲义中，费曼展示了诸多物理学基础知识的精彩之处。他能以简洁清晰的方式解释当下物理学的所有基础知识，因此他的课程成为加州理工学院学位课程的核心。

起初，这些讲座并没有吸引太多学生，毕竟讲座没有涵盖当时那些宏大的、令人兴奋的新思想。虽然听课的学生数在下降，但毕业生和大学老师的数量在增加，他们发现费曼授课的新视角以及清晰简洁的思路，令人耳目一新。《费曼物理学讲义》一直是最畅销的物理书籍之一，尽管它很少被直接当作教科书，但往往是大学物理课程的基础，你很难找出哪个学生读后没有受益的例子。虽然书里充斥着方程，并不适合随意翻阅，但如果你很想了解什么才是物理学，那么强烈建议你看看《费曼物理学讲义》。

第5章

现代物理学

6
0
D
E
F

CDC 6600 开始销售

第二次世界大战期间，艾伦·图灵（1912—1954）首次展示了计算机的潜力。之后，晶体管的发明大大提高了计算机的计算能力。CDC 6600是一款全新的设备，并彻底改变了物理学的研究方法，因为它是一台超级计算机。

由于操作系统（通常是Windows或macOS之类）等原因，普通家用计算机的效率并不是特别高。它装有很多程序，杀毒软件不断检查所有东西，计算机还经常执行着上百万个指令。即使实际上没有运行任何程序，它也不会在任何给定的任务中使用全部有效功率。这样做的最终结果是，它实际的运行速度远比能够运行的速度慢得多。

当我们想要高效地计算物理模型与测试时，不能浪费整台计算机的运算能力，所以就有了超级计算机，它就像一个巨大而复杂的计算器。

超级计算机的能力是用每秒浮点运算次数（FLOPS）来衡量的，浮点运算是衡量计算机每秒能做多少次运算的指标。一台普通的台式计算机大约每秒可进行70亿次浮点运算，而2017年世界上速度最快的超级计算机“神威·太湖之光”以每秒9.3亿亿次浮点运算的速度运行。

全世界第一台超级计算机是由西摩·罗杰·克雷（1925—1996）研制出来的。克雷于1958年加入美国控制数据公司（CDC），在此他开始研究新型计算机。当时，较大的计算机仍然使用三极管，但克雷采用了日益流行的晶体管，制造出了第一批没有活动部件的计算机——CDC 1604，它是第一台只使用晶体管的商用计算机。因为CDC 1604卖得很好，CDC要求克雷研制更多的计算机，重点放在商业用途上，开拓更广阔的市场。然而，克雷有着不同的抱负，他把主要资源用在制造世界上最快的计算机上，目的是制造一台比CDC 1604快50倍的计算机。他确实着手做了，但主要受限于晶体管，在尝试了一段时间没有取得多大进展后，他随后开发

第一台超级计算机：1965年美国国家大气研究中心（NCAR）在科罗拉多州的博尔德市率先使用CDC 6600。

出公司所要求的计算机。当新型硅基晶体管和集成电路芯片上市后，克雷很快采用了这些关键部件，计算机的性能得到巨大的提升。因为新型晶体管的开关效率更高，容错率更强。

克雷开发计算机时，公司正在不断壮大，也在变得越来越商业化，这给工程师们带来了更多商业压力。1962 年，克雷向公司发出最后通牒：应该允许他专注于开创性研发，否则他就会跳槽。管理层不愿失去他，只好接受条件。在此之后，克雷建立了一个实验室，充分利用越来越可靠易用的晶体管。不过，采用新型晶体管存在一种危险：计算机运行时过热，会导致重要部件烧坏甚至引发火灾。为了解决这个问题，克雷引入了一套制冷水箱的设备为电路系统散热、降温。等到 1964 年，这台计算机已准备好向全世界展示了。

尖端科技

CDC 6600 具备 4 种“武器”——大型机柜装满了计算机设备——每一套设备都有自己的冷却系统，与一台配有两个屏幕和一个键盘的计算机终端相连。大多数计算机使用一个中央处理器（CPU）来加载问题，处理问题，最后输出结果。

通常，计算机的性能由 CPU 的质量决定。CDC 6600 的天才设计之处在于，它将大部分计算工作分配给外围处理器，这些处理器都是各个独立的微型计算机，专门用于处理运算问题。这意味着计算机要处理任何任务时，都可以将任务拆分成若干个单独的部分，由外围处理器同时处理运算。这个过程被称为并行计算，它已成为超级计算机的固有特征。

CDC 6600 前所未有地快，每秒浮点运算次数为 3×10^6（每秒 300 万次浮点运算），这一运行速度是最接近它的竞争对手的 10 倍。它的市场售价约为 800 万美元，销量超过 100 台，主要客户是科研实验室和大学。CDC 6600 的成功，预示着计算机运算能力呈指数级增长的开始。

超级计算机的潜力

如前所述，超级计算机本质上是非常好的计算器，可以在短时间内执行大量运算，对建模非常有用。举个例子，想象一下球杆击中一个斯诺克台球的情况，用牛顿第二定律的方程 $F=ma$ 可以计算出台球的加速度。利用运动方程（$v=u+at$）可以计算 1 秒后、2 秒后球的速度，以此类推。如果能计算出台球跟球桌间的摩擦力、空气阻力导致的减速，我们就可能知道台球被击中后的精准路径。

高效：2007年IBM蓝色基因第二代超级计算机（Blue Gene/P系列）的机柜阵，结合了高性能与低能耗的特点。

这样可以扩展到它与另一个台球的撞击效果，我们自己算一下也不会花太多时间。但如果想预测一桌子台球的所有精准路径，情况就变得非常复杂。这时超级计算机就有了用武之地。它会处理所有数据，并且提供一个将会发生什么的预测模型。

超级计算机几乎被用于各种各样的物理研究工作，从天气预报到星系建模。建模是科研的基础，我们几乎找不到一种在进行昂贵的实验之前，不首先使用计算机建模来预测结果的研究方法。许多复杂的模型必须依靠超级计算机来设计。

超级计算机的未来无疑是令人兴奋的，因为它具有一种预测潜能。即使以我们目前的技术来看，人类的能力也是有限的。一位日本教授动用一台超级计算机花费数周时间，建立了一个有史以来最精确的太阳模型。当被问及有多精确时，他回答："不太确定。"很明显，我们还有很多工作要做。下一代超级计算机的速度预计将达到每秒 100 亿亿次浮点运算，到 2030 年可能达到每秒 10 万亿亿次浮点运算。这种运算能力很可能让世界各地在两周内的天气预报变得极为准确，而我们才刚刚开始了解超级计算机的巨大潜能。

标准模型建立

标准模型几乎囊括了我们对亚原子世界和自然界的基本相互作用的所有认识，这是人类目前对宇宙最完整的认知。

大统一理论是物理学的圣杯。一个方程可以描述一切，并且将一切联系在一起。要做到这一点，就需要把4种基本相互作用——电磁相互作用、强相互作用、弱相互作用和引力相互作用联系起来。

1961年，美国物理学家谢尔顿·李·格拉肖（1932—）成功地将电磁相互作用和弱相互作用结合起来，迈出了伟大目标的重要一步。

1964年，默里·盖尔曼（1929—2019）与乔治·茨威格（1937—）各自独立研究并提出了夸克理论。夸克属于一种亚原子粒子，由夸克组成质子、中子、介子和其他物质。夸克于1968年在实验中发现，当时进行的电子散射实验表明，质子本身是由多个更小的硬核组成的。

亚原子粒子物理学的进一步发展，促使欧洲核子研究组织（CERN）在1973年发现了Z玻色子（由电弱相互作用引起），这让物理学家们开始构建一幅亚原子世界的关系拼图。

1974年，在一篇论文中，希腊物理学家约翰·李尔普罗斯（1940—）提出了标准模型的早期版本。他描述了上夸克、下夸克、奇夸克之间的关系，并预测了粲夸克的存在（粲夸克此前曾被预测，但他是第一个正确解释其中理论的人）。粲夸克是1974年11月在实验中发现的。李尔普罗斯创建的模型还包含其他已知的亚原子粒子，比如电子、μ子、μ中微子（一种微小无质量的基本粒子）及玻色子——传递基本相互作用的基本粒子：光子是传递电磁相互作用的媒介粒子，胶子是传递强相互作用的媒介粒子，W和Z玻色子是传递弱相互作用的媒介粒子。

你可能已经意识到：在4种基本相互作用中，玻色子只占3种，这说明我们还缺少一些东西。这种领悟凸显出模型（如标准模型）的强大功能。

默里·盖尔曼：他不仅提出了夸克理论，还阐释了夸克具有对称性。

利用模型，我们可以知道是否有东西缺失，也可以预测它们的属性，这样一来我们更容易找到它们。

1976 年，马丁·佩尔（1927—2014）发现了陶子（τ 子）——一种很像电子的较重粒子。多亏有了标准模型，人们预测到：τ 子不仅有自己的 τ 中微子，而且有另外一对夸克。不出所料，一年后利昂·莱德曼（1922—2018）发现了底夸克，但直到 1995 年人们才发现顶夸克。

现代标准模型

今天，标准模型（详见下页图）看起来与李尔普罗斯提出的模型不同，这是加入了新近发现粒子的缘故，不过仍然呈现类似的形式。粒子物理的标准模型可以被分成下面不同的群组，每一个群组都强调了粒子的不同属性。

费米子：费米子有 12 种粒子（6 种夸克、6 种轻子），具有自旋为半整数的特点（自旋量可以看成粒子旋转时的能量）。费米子被称为物质的组成成分，可以细分为夸克和轻子。夸克能感受到强大的强相互作用，它们结合起来形成强子，比如质子。轻子大多很难被探测到（这就是为什么科学家花了很长时间才发现它们），因为它们不与强相互作用发生作用，且质量非常小。作为轻子的中微子还没有电荷，这意味着采用传统方法探测它们根本不起作用。

请注意，在下页图中，从左往右，所有粒子的质量都在增加。与此同时，从右往左，粒子会衰变，陶子衰变为介子，介子衰变为电子。同样，底夸克也会衰变为奇夸克，等等。但是请注意，中微子不会衰变。

规范玻色子：规范玻色子携带强相互作用、弱相互作用、电磁相互作用。它们属于从一个粒子到另一个粒子传递相互作用的媒介粒子。你可以想象一下，两个类似带电粒子之间的电磁相互作用是如何产生的？光子被从一个粒子发送到另一个粒子，并把后者撞飞，电磁相互作用就产生了（就像一个斯诺克台球撞击另一个，把后者推走一样）。

希格斯玻色子：希格斯玻色子是最近（2013 年）的一项重大发现，与标准模型的其他部分有些不同。它可以跟任何有质量的粒子相互作用，并且赋予其他粒子质量，包括规范玻色子，这就是说它是质量的物理表现。有趣的是，希格斯玻色子自身也有质量，所以它本身也会相互作用。

简洁的解决方案

值得注意的是，标准模型到底是

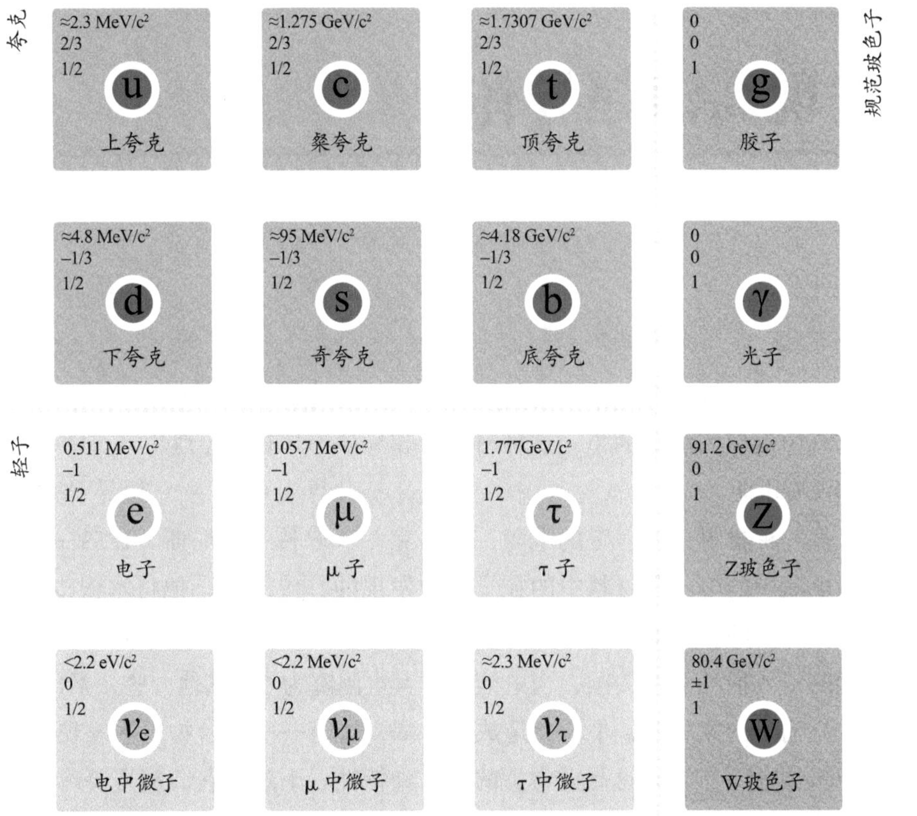

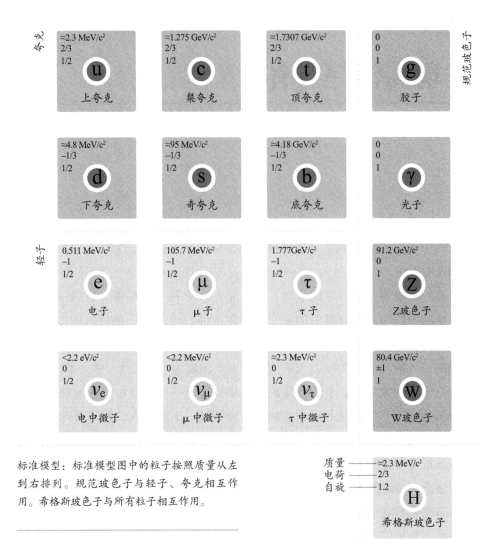

标准模型：标准模型图中的粒子按照质量从左到右排列。规范玻色子与轻子、夸克相互作用。希格斯玻色子与所有粒子相互作用。

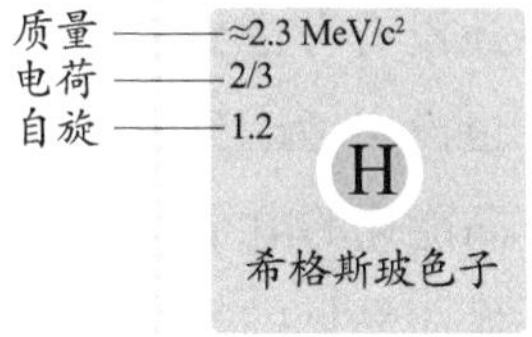

如何有机结合在一起的？配对组合，对称出现，所有粒子都能按照我们所理解的逻辑顺序整齐地排列在小盒子里。为什么会这样呢？事实上，我们经常谈论物理定律，但为什么要有定律？为什么会有引力常数 G 和光速 c 这类常数，为什么它们有精确值？

标准模型代表我们的一种新的理解水平，它是最基本的。就目前人类所及的能力，我们已经突破了以往的宇宙认知，而且仍在发现这些看似有规律的匹配模式。为什么标准模型看起来如此简洁？回答这个问题也许不是物理学家的工作，但它可能会揭示很多宇宙规律，甚至是宇宙的本质。

发现高温超导体

超导体是一种令人难以置信的材料，它彻底改变了我们开发电路的方式，尽管它还存在一个主要问题：需要冷却到极低的温度。所以，发现不需要大幅冷却的新材料无疑是一大进步。

超导体有许多令人难以置信的特性，其中最引人注目的是，这种材料根本没有电阻。

每一种材料都有一定的电阻，它是由电流中的电子与材料中的粒子相互碰撞产生的，从而导致部分电能以热能的形式损耗。在美国，当电能从发电厂输送到家庭时，平均会造成大约 10% 的能量浪费。这是非常大的电能浪费（或者说是金钱浪费），这一数字还没有考虑到家中电线的电阻损耗，也没有考虑到家中可能使用低效率、高能耗的电子设备。

显而易见的答案是，如果采用超导体制造的电子元器件，每年可至少节省数十亿美元的电费。不过，这样做有两个主要问题。一个问题是超导体非常昂贵——一个饼干大小的小圆盘，就需要花费 100 多美元。但考虑到潜在的能源节约，这可能是一项有价值的投入。另一个问题是超导体的临界温度，也就是材料开始显现出超导性能时的温度。在这个温度之上，超导体不具有超导性。

世界上的第一个超导体是由海克·卡末林·昂尼斯（1853—1926）发现的。1911 年，他将水银冷却到 4 开尔文（–269.15 摄氏度）时，发现其电阻降为零。其他一些元素比如铅、锡，还有一些化合物也被发现具有这种特性。不过，它们都需要冷却到至少 13 开尔文（–260.15 摄氏度）。为了达到这个目标，就需要液氦，而制造、运输、储存液氦又是非常麻烦和昂贵的。因此超导体仍处在实验研究阶段。

温度升高

1986 年，IBM 的两位研究人员格奥尔格·贝德诺兹（1950—）和卡尔·亚历山大·穆勒（1927—）正从事陶瓷化合物方面的研究。这是一个有待研究的领域，因为常温下陶瓷是不良导体，不像金属那样。此前，大多数研究都集中在金属上。令人惊讶的是，贝德诺兹和穆勒发现钡、镧、铜和氧的化合物在 35 开尔文（–238.15 摄氏度）时变成了超导体。尽管这个温度还属于超低温，但相对于其他已知的超导体来说，它的临界温度已经高很多了。

这一发现是一次巨大的进步，下一次重大发现是一年之后。1987 年，朱经武（1941—）领导的研究小组发现了首个高于液氮温度的超导体——钇钡铜氧化物，它的临界温度为 90 开尔文（–183.15 摄氏度）。这一发现的意义在于，使用相对便宜的液氮就可以冷却超导体。

液氮的温度为 77 开尔文（–196.15 摄氏度），由于在地球大气中氮含量较高，所以相对容易获取。它可以储存在一个简单的保温瓶里（类似于你用的保温瓶，只是稍微专业些），而且其生产成本低得令人难以置信，每升的成本比牛奶还低。这使得超导体在商用领域是可行的。从此以后，超导体被纳入日本磁悬浮列车等技术的开发中。

随后科研人员继续寻找高温超导体（临界温度高于 30 开尔文的超导体），迄今为止已知最高温度的超导体是硫化氢，它的临界温度为 203 开尔文（–70.15 摄氏度），不过它需要在 150 万标准大气压下才能成为超导体。期待有一天人类能找到在常温下就能使用的超导体。

超导高科技：日本磁悬浮列车测试。磁悬浮是超导体技术目前最大的应用之一。

欧洲核子研究组织的科学家制造出反物质粒子

反物质给人的感觉就像科幻小说里虚构的东西一样。对于标准模型中的每一种轻子（见第 162～第 165 页），我们全都发现了几乎与其完全相同的反粒子，只不过反粒子携带相反的电荷。如果反物质粒子与其对应的物质粒子相遇，就会湮灭，变成纯粹的能量。1995 年实现的一项突破，让科学家能够更详细地研究反物质。

反物质理所当然地存在，并且通过各种过程（放射性衰变等）不断被创造（随后湮灭）。1928 年，保罗·狄拉克（1902—1984）在证明反电子（现在称为正电子）是薛定谔方程的一个必要结论时，首次提出反物质这个概念。随着标准模型的建立，人们对反物质存在的信心不断增加。1932 年，卡尔·大卫·安德森（1905—1991）在使用一种被称为“云室”的装置观察宇宙粒子留下的轨迹时，发现了一种质量与电子相当，但带有正电荷的粒子，这就是正电子。

如何制造反物质？

很多自然过程都会产生反物质，

反物质有什么用?

对反物质的研究是物理学的基础性研究。通过观察反物质是如何工作的，以及跟普通物质有何不同，我们会对宇宙有更多的了解，甚至有助于回答一些我们面临的最大难题：比如为什么宇宙中有东西而不是什么都没有？为什么宇宙是由物质而不是反物质构成的？

目前，反物质已经有了实际用途。比如正电子发射计算机断层扫描（PET 扫描）就是通过观察病人大脑中的正电子在湮灭时释放能量的表现，来诊断一些潜在问题的。

尽管这类研究目前还处于早期阶段，但潜在的应用领域非常广泛，包括新材料、新式诊疗设备、能源应用等领域。

质子加速器：1954年拍摄的美国质子加速器，该装置一直运行到1993年。

但为了正确地研究反物质，并且试图用它们做些什么，首先有必要制造出一些反物质。

第一个制造反物质的设备被称为“质子加速器”，建于1954年。这是一个巨大的圆形装置，它通过加速质子，让它们相互碰撞，从而产生反质子。质子加速器在1956年制造出第一个人造反中子。

由于已经发现了组成物质的所有粒子，欧洲核子研究组织的物理学家们开始着手制造一些反物质。1965年，科学家发现了一种天然存在的反氘核（原子核由单个反质子和反中子组成）。当时人们正努力在实验室里制造它。1995年，科学家想方设法使用反质子轰击氙原子。在为期3周的实验中，他们制造了9个反氢粒子。

保存反物质是一个大问题：1995年制造的反物质，在湮灭前只存在了大约400亿分之一秒。如果与物质接触的话，它会瞬间湮灭。有几种保存反物质的方法，其中最常用的是使用反物质电荷。让反物质在一系列磁场中存在，这些磁场的排列方式使得反物质被均匀地拉向各个方向，这样反物质就可以悬浮在真空中。这种方法能让反物质存在16分钟，这给了物理学家足够多的时间来研究。

哈勃空间望远镜拍到哈勃深场

1995 年 12 月 18 日至 12 月 28 日，哈勃空间望远镜拍下了“深场”以及后续作品：“超深场”和“极深场”，这些是迄今为止哈勃空间望远镜拍到的最令人惊叹和非同凡响的宇宙照片。

拿一根大头针，把它举到一臂远，对准天空，在天空中就对应着一片区域。2003 年，哈勃空间望远镜就将主镜对准了只有大头针大小的天区，然后开启快门，在 4 个月的时间里，收集到了最微弱的光线。原本这片天区是“空白”的，从未观测到或者发现过星光。然而，哈勃空间望远镜拍摄的照片竟显示出令人难以置信的恒星和星系。

在这张照片中，只有不到 20 颗恒星（通过十字形星光辨识它们，这是望远镜建造方式的产物）；其他所有的都是星系，每个星系都是由几千亿颗恒星、星云、行星、黑洞等组成的集合。仅仅在这个 2400 万分之一天区的小地方，我们就发现了近 3000 个星系。按照这个数量外推到整个天区，我们能得到宇宙有 7.2×10^{10} 个星系的估计值——一个惊人的天文数字。稍后哈勃空间望远镜对另一片天区进行了同样的拍摄，得出非常相似的结果，由此证实了这一估计。

哈勃深场（Hubble Deep Field，HDF）很重要，因为它向我们展示了宇宙有多大，同时也提出了很多问题：这么多星系是如何形成的？为什么会形成星系？它们是否存在共同点？此外，它还为天文学中的两个观点提供了证据：第一，它证明了星系距离我们越远红移越明显，从而支持哈勃的宇宙膨胀的观点；第二，它证明了在我们自己的星系中并没有那么多的本地恒星，这成为反对暗物质大质量致密晕天体（详见第 140 页）理论的主要证据。

在 2003 年 9 月 24 日到 2004 年 1 月 16 日期间，在同一天区，哈勃空间望远镜拍摄了一张更详细的照片，显示了超过 10000 个不同的天体。

回溯宇宙的过去

在哈勃深场中发现的很多天体距离我们都非常遥远，它们的星光需要

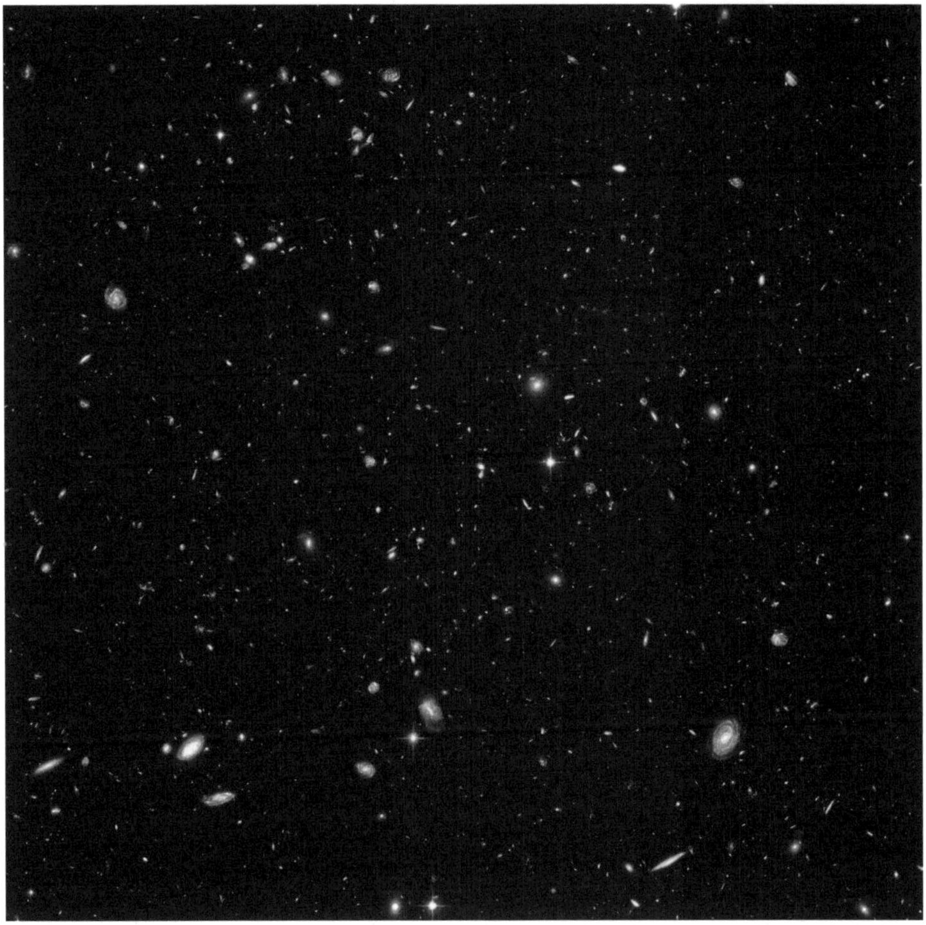

著名的哈勃深场图像：可见的3000多个天体几乎全部都是遥远的星系，对早期宇宙的研究具有里程碑意义。

很长时间才能到达我们这里。我们在哈勃深场中看到的实际上是几十亿年前的光。

我们发现其中的很多星系都是畸形的，因为它们还没有演化成我们本地星系的那种螺旋状结构。

通过观测一系列处于不同演化阶段的星系，天文学家已经掌握了星系是如何形成的和如何运动的，以及产生了多少恒星，这取决于星系的年龄。

天文学家已经确定，在宇宙大爆炸后的早期阶段，星系的数量突然激增，星系里的大部分恒星都是在这段时期诞生的。现在的主流观点是，很多星系相互碰撞后形成了更大的星系，正如我们所在的星系和附近的星系一样。

欧洲联合环形反应堆创造了核聚变能源的世界纪录

核聚变能源可能是未来的发展方向，不过这绝非易事。事实证明，生产核聚变能源是现代最大的工程任务之一。1997 年，欧洲联合环形反应堆（Joint European Torus，JET）创造了一项世界纪录，证明这项任务是可以做到的。

核聚变似乎是产生能源的完美方式，不会产生温室气体或者核废料，它的主要产物氦和中子对各个方面都有利或无害。我们还知道它是一种非常棒的能量来源——核聚变是太阳和其他所有恒星释放能量的方式，每次反应产生的能量是其他任何化学反应的 1000 万倍。那么，为什么我们不使用呢？

主要原因是启动核聚变反应需要一个非常极端的环境。先要具备一个非常高的压力——地球大气压力的很多倍——才能把氢原子挤到一起，然后使温度超过 100000000 摄氏度，以便提供足够的热量让氢原子克服它们彼此之间的电磁斥力。看得出来，获得这些初始条件来触发核聚变反应是非常困难的。此外，维持核聚变反应也很困难。尽管保持反应堆运行所需的能量可以由反应本身提供，但由于氢等离子体的运行方式会造成反常现象（目前尚不完全清楚其原因），核聚变反应堆在运行一段时间后必须关闭。

JET

JET 是一座托卡马克式核聚变反应堆。这表示它的内腔（发生核聚变的地方）是一个巨大的环，在这个环形装置内，氢被加热加压成等离子体，并受到磁场作用的约束。JET 在 1984 年 4 月 9 日投入使用，成为国际上研

核聚变的能量从何而来？

正如我们在爱因斯坦的质能方程 $E=mc^2$ 中所看到的，原子具有结合能（这就是整个原子的质量小于各部分的质量之和的原因），正是这种结合能在核聚变中发挥了关键作用。当我们把两个氢原子聚变成一个氦原子时，结合能的变化就意味着多余的能量会被释放出来。

欧洲联合环形反应堆：2001年拍摄的JET的内部结构。这座托卡马克式反应堆的直径不到6米，运行时可容纳100立方米的等离子体。

究核聚变反应的中心。1991 年，JET 首次实现了核聚变能量的可控释放。1997 年，JET 核聚变产生的能量首次超过了运行它所需的能量，净发电量为 16 兆瓦（1.6×10^7 瓦）。英国的一座名为 Ince B 的燃油发电站与 JET 在同一年建成，发电量为 500 兆瓦，却需要运行更长时间。核聚变能源作为一种清洁、丰沛的新型能源，目前还不是一种可行方案，但 JET 至少创造了核聚变能量最多的世界纪录，同时也表明核聚变能源是有可能实现的。

很显然，我们还有很多工作要做，物理学家们正在尽其所能。下一代核聚变反应堆——国际热核聚变实验反应堆（ITER）目前正在法国南部建造。等到 2025 年开始启动时，预计它仅用 50 兆瓦的输入功率就能产生 500 兆瓦的核聚变功率——净产出 450 兆瓦。这跟目前运行的大多数传统化石燃料发电厂相当。我们乐观估计，到 2050 年，全世界第一座商用核聚变发电站将能够投入运行，从而开启核聚变能源的全新时代。

“星系动物园”项目启动

计算机是不可思议的科研工具，其处理大量数据的能力远远超过一个科学家团队。不过，现有的计算机也存在一个大问题：它们并不擅长看照片。那么，没有计算机的帮助，该如何处理海量观测数据呢？对此，“公民科学家”向前迈出了一步。

发展公民科学的提议，始于“斯隆数字巡天”（Sloan Digital Sky Survey）计划。这一计划绘制出了迄今为止最详细、最完整的星空图。它们利用数不胜数的机械式望远镜拍摄而成，所有这些望远镜都尽可能详细地拍摄星空、收集数据，这样产生了大量数据，科学家们却不知道该如何处理。一个研究团队对星系分类很有兴趣，希望参与其中，以便能更多地了解星系知识。不过，他们需要浏览和分类超过100万张星系照片，这对于一个小型研究团队来说实在是太多了，计算机无法为他们做这种工作。

结果就是：2007年7月11日，“星系动物园”项目正式启动。这是一个公民科学志愿参与项目，邀请普通公民腾出一点业余时间，对星系进行分类。任何人都可以登录星系动物园官网，经过一个简短的培训后，就可以开始对星系进行初步分类，区分出椭圆星系、螺旋星系和合并星系（这个项目现在变得复杂了），然后将答案录入表格，供科学家下一步使用。由于该项目有100多万幅图像，而且每幅图像都需要经过数十人交叉验证，科学家预计要等上好几年才能完成这个项目。然而，就在项目启动当天24小时之内，这个网站每小时就收到多达7万个分类，第一年就高达5000万个分类。

“星系动物园”项目以更新的版本一直持续着，今天你仍然可以参与其中，对星系进行分类。这个项目的科学成果已经被48篇科研论文引用，帮助我们了解更多关于星系的形成与演化的信息。参与该项目的志愿者还发现两个前所未见的全新天体：哈尼天体（以发现者荷兰教师哈尼·冯·阿科尔的名字命名）【译者注：疑似由类星体照亮一团气体云所形成，目前尚无定论】及绿色豌豆星系（由大量

观星：2004年由哈勃空间望远镜拍摄的螺旋星系NGC 1300，这只是我们现在能观测到的数百万个星系之一。

恒星组成的、密度非常大的微型星系）。

“星系动物园”很快成为最受欢迎和最著名的公民科学项目，同时也促进了类似项目的不断增多。

公民科学的兴起

公民科学项目让几乎每个人都有机会参与前沿科学的研究，也为科学家提供了宝贵的资源。Zooniverse（从“星系动物园”项目发展而来的公司）现在已有46个科学项目：从跟踪企鹅，到寻找超新星，再到描绘火星表面。如今这些项目的参与方式也在发生变化，不再局限于选择一张照片来进行研究。

举个例子，一款由英国癌症研究中心指导开发的免费手游《癌症研究：太空基因》（*Play to Cure: Genes in Space*），通过让玩家选择宇宙飞船的路线信息，协助科研人员分析大量来自癌症样本的基因数据，以识别潜在的致癌基因突变。

上面这两个项目的受欢迎程度，以及公众参与公民科学项目的意愿，都为基因研究、医学、天文学、动物学甚至考古学做出了巨大贡献。尽管人工智能正在不断受训迭代，以便更好地进行模式识别，但在可预见的未来，普通大众帮助科学进步的意愿仍然至关重要。我鼓励你们去找一些这样的项目，参与其中，贡献才智！

大型强子对撞机开启

大型强子对撞机（LHC）堪称有史以来规模最大、耗资最多的物理实验装置，旨在探索当今一些最紧迫的重要科学问题。用这一装置所进行的实验开启了粒子物理学的新纪元，而我们才刚刚开始见识这一学科。

在瑞士日内瓦近郊的瑞士与法国的边境地下，有一条长27千米的隧道，LHC的主体就位于这条隧道里。两根直径6.3厘米的质子束管被一对直径1米的加速器管道包裹着，这里面包括超导磁铁、液氦冷却剂管、隔热层、校准探测器等。全功率运行下，加速器管道能够将一束粒子的能量增加到6.5万亿电子伏，然后在4个主要加速器中的一个里使粒子相互撞击。这4个加速器非常敏感，甚至要考虑月球位置的影响。

这些加速器连接着全世界最大的计算网格，每年收集约30拍字节（1拍$=10^{15}$）的数据量，然后分发给将近200个大型计算设施，经过这些计算设施处理后，再发送给成千上万的研究人员和研究机构。LHC的设备造价约36亿欧元，超过10000名科学家、工程师参与了设计、制造和研究工作。

LHC局部照片：LHC四大加速器之一的紧凑渺子线圈（CMS）加速器的内部结构，拍摄于2014年。从这张照片就能看出这个项目有多庞大和复杂。

物理学家希望借助LHC揭示一些宇宙的基本问题：比如早期宇宙是如何演化的？粒子在极端条件下如何表现？希格斯粒子有多少种，质量又是多少？甚至揭示广义相对论与量子力学的关系——帮助我们走向大统一理论，还有超对称性、额外维度、暗物质……LHC还有一项雄心勃勃的任务——检验标准模型，寻找我们认为应该存在的所有粒子和作用力，以及那些能够完善理论的实验证据。

从1998年到2008年，LHC的建造周期长达10年。2008年，LHC尝试运行，结果出现事故：冷却超导磁铁用的液氦发生了严重泄漏。事故原因是，超导线圈内部的一部分磁场因为变化过快，失去了超导性能，进而迅速升温，由于磁铁连接处焊接不良，多达6吨的液氦从设备中流出，损坏

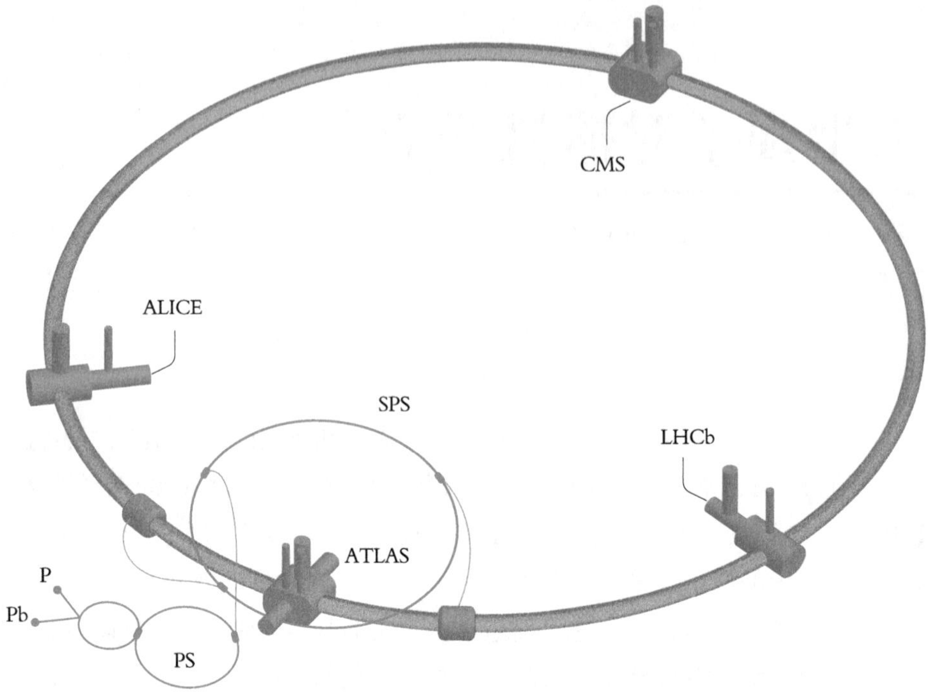

LHC：欧洲核子研究组织的LHC平面图。它包括4个主要加速器：大型离子对撞机实验（ALICE）、超环面仪器（ATLAS）、LHC底夸克实验（LHCb）、紧凑渺子线圈（CMS）；另有3个加速器：超级质子同步加速器（SPS）、质子同步加速器（PS）、质子与铅离子直线加速器（P和Pb）。

了超导线圈和周围设备。经过这次事故的教训后，科研人员为LHC建立了一套新的磁铁冷却系统，使所有多余的热量迅速倾注到巨大的金属块上，在这一过程中温度高达几百摄氏度，从而保住了昂贵的超导线圈。

2010年3月30日，LHC成功启动，2808束质子流（包含 1.1×10^{11} 个质子）从主加速器中释放出来，经过加速后导入到质子束管中，形成两束质子流，一半顺时针、一半逆时针运行，此时质子以每秒11245次的速度穿行于LHC中。接下来就是让两束质子流以接近光速对撞，每束的能量高达3.5万亿电子伏，每秒约有6亿次对撞，所有对撞过程都被详细记录和探测。

LHC发现了什么？

LHC最大和最重要的发现，就是找到希格斯玻色子存在的证据。作为标准模型中最后一种被发现的基本粒子，希格斯玻色子是赋予其他粒子质量的“上帝粒子”，即其他粒子在它的作用下产生质量，就像胶子作用于强相互作用，或者光子作用于电磁相互作用一样。

尽管彼得·希格斯（1929—）早在1964年就提出了相关理论，但直到最近几年才有证据支持该理论。2013年，当欧洲核子研究组织宣布发现了一种能量为125吉电子伏的新玻色子时，情况才发生彻底变化，这是证实希格斯玻色子存在的强有力证据。

此外，LHC还发现了另一种新粒子存在的可能性。夸克通常以固定的方式结合在一起：两个夸克结合成介子，3个夸克结合成重子，重子类似于质子或中子。LHC还发现了一种奇怪的粒子，比如X（3972）或Z（4430），似乎是由4个夸克组成的！LHC的另一组实验表明，夸克汤（夸克–胶子等离子体）可能只存在于黑洞外部，这让我们对黑洞有了更多的认识。

尽管取得了这么多成就，LHC仍然面临着很多理论尚未找到证据的情况。这就像迈克耳孙–莫雷实验，实验者原本以为通过实验可以证明以太的存在。同理，科学家们寄希望于LHC能够验证关于超对称性的信息（比如玻色子和费米子是成对的，只是自旋量不同），但实验结果并没有证明这些，这导致很多科学家拒绝接受这一理论。

目前LHC还在不断升级，新的实验也会频繁进行。已有迹象显示，全新的物理学正如朝阳喷薄而出。利用LHC进行的实验似乎证实了标准模型的正确性。就在我撰写本书时，LHC正在加紧测试匈牙利的一个研究小组的理论。该研究小组表示，他们已经从铍原子核的衰变中发现了一种新型玻色子，如果LHC能够证实这种玻色子，人类将发现第五种基本相互作用。

黑洞会带来世界末日吗？

你可能知道，就在LHC启动之际，一个可怕的传言浮出水面：LHC正在制造一个会毁灭世界的黑洞。这个传言来自一些科学家的大胆猜想：质子碰撞后有可能坍缩成黑洞。尽管理论上并不排除这种可能，但实际上从来没有任何危险。这主要基于两点：首先，LHC动用的能量与形成黑洞所需要的能量相差甚远；其次，即使有足够的能量形成黑洞，这个黑洞也很小，而且会立刻蒸发掉，根本不会构成任何危险。

探测到引力波

引力波——时空弯曲的涟漪——是爱因斯坦广义相对论的最后一个伟大预言，整整花了100年时间才被人们发现。这一重大发现为我们探索宇宙打开了一扇全新的大门。

理论上，任何加速的物体都会产生引力波。然而，引力是一种非常弱的力，当它向外传播时，很快就会损失能量。在实践中，我们只能观测到（至少目前是这样）来自宇宙中难以置信的大事件，如两个密度非常大的天体（如黑洞或中子星）绕转合并，或者超新星爆发都可以辐射出引力波。

从2005年以来，天文学家们已经在脉冲星的双星系统那里间接探测到引力波，但这还不是足够的证据。2015年9月14日，LIGO（详见下文）在一个编号为GW150914的信号源中首次探测到引力波。这个天文事件持续了0.2秒，由两个黑洞合并形成的引力波距离地球约1.4×10^{25}米（14.8亿光年），两个黑洞的质量分别约为太阳质量的36倍和29倍。就在十几亿年前，引力波从那个信号源向全宇宙传播。经过反复验证与审核，该观测结果于2016年年初正式公布，引起科学界的强烈反响。这是广义相对论所有预言的最后一块拼图，巩固了爱因斯坦引力理论的主导地位。

LIGO

激光干涉仪引力波天文台（LIGO）位于美国路易斯安那州的利文斯顿和华盛顿州的汉福德，最初由加州理工学院和麻省理工学院合作创建，2008年引入英国科学技术设施理事会和德国马克斯·普朗克学会，进一步提升了探测设备的灵敏度。该项目总投资约11亿美元。LIGO的探测原理与迈克耳孙－莫雷实验非常相似，都采用光学干涉测量技术。

LIGO干涉仪主要由一个20瓦的激光器组成，通过光能回收镜，使激光束的功率增加到700瓦。再利用分束器将激光分成两束，分别进入两条相互垂直的干涉臂，臂长完全相同，

精密光学仪器：LIGO使用的光学仪器之一，是用来反射激光的反射镜。

都是 4 千米。这样激光束在干涉臂两端来回反射 280 次，使得每束激光的有效长度多达 1120 千米。

LIGO 启动运行时，一束激光经反射进入干涉仪的臂，另一束透过分光镜进入与其垂直的另一臂。经过干涉臂末端镜子的反射，两束光折回并在分光镜上相遇，产生干涉现象。正常情况下，两束光波相互干扰，形成相消干涉现象，探测器输出信号为零。但当引力波到来时，产生的时空涟漪导致两个臂发生不一样的扭曲，往返于两个臂的激光长度出现相反的变化，即一臂伸长，另一臂缩短，导致两束光不再完全相消干涉，形成光波条纹，光探测器就会有信号输出，表明探测到引力波。

由于引力波非常微弱，LIGO 必须能够探测到只有 1×10^{-18} 米的干涉臂长度变化，这小于质子直径的 1/1000！这意味着探测器必须非常灵敏，同时它也很容易受到各种微小扰动的影响，比如持续不断的微小地震，甚至来自几千米外的汽车震动。

为了减少这些影响，LIGO 悬浮在真空中，同时保持超低温状态。事实上，LIGO 拥有两个探测器，一个在利文斯顿，另一个在汉福德，彼此相距 3000 千米。当引力波以光速传到地球时，对两个探测器产生完全相同的影响，只是有几微秒的延迟，这有助于确认引力波并且消除任何异常

在家探测引力波

从那些并不是特别圆的中子星当中探测到引力波是有可能的。每秒旋转几千次的中子星，每次旋转都会产生一个微小的引力波——虽小却恒定的信号。寻找这个信号相当容易，只是计算量非常大。于是，LIGO 团队在 2005 年推出一个公民科学参与项目：Einstein@Home。只要将软件下载到你的计算机上，让计算机利用空闲时间帮助运算就可以了。来自 220 多个国家的 30 多万人下载了这款软件，让这个项目看起来就像是在使用一台全球化的超级计算机执行一样。有时这台“超级计算机”的运算能力相当惊人，高达每秒 2000 万亿次浮点运算，是世界上最强大的超级计算机之一。只要你愿意，下载软件即可参与其中。

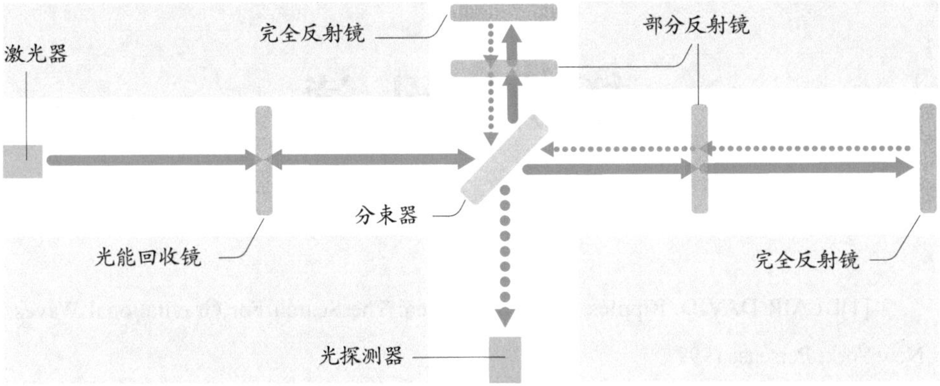

引力波探测器的工作原理：引力波到来时，会形成引力畸变，两束激光不再完全相消干涉，即表明探测到引力波。

情况。利用精确的时间延迟以及一些几何计算，我们可以粗略算出引力波的来源，从而让科学家能够锁定引力波的信号源。

我们如何使用引力波？

目前，几乎所有的天文学观测都是使用电磁波来完成的。科学家们先是用眼睛，然后用望远镜，后来又用电磁波谱，比如红外线和微波辐射。每次使用新的观测手段，人类对宇宙的了解就会更多一些。

引力波很可能是探测宇宙的下一代工具。引力波的一大优点就是不会被任何东西阻挡。光可能被尘埃云或者行星遮挡，但引力波可以不受干扰地穿过一切，这意味着它有可能被用来探测以往我们无法探测到的地方。

光（电磁波）只有一个起始点。大爆炸后的宇宙早期出现了一次“复合事件”，这是第一批光子诞生的起点。这就意味着我们不能用光来观测比这更远的过去。不过，原初引力波在此之前就已出现。通过探测这种引力波、研究“复合事件”形成的宇宙微波背景辐射，我们有可能发现更多早期宇宙的信息。

问题是引力波非常微弱，这意味着我们只能用它来观察非常大的天体，比如前面提到的黑洞、中子星和超新星。即使如此，我们仍可以对宇宙的规律有更多认知。目前，我们还有许多工作要做，还有许多秘密要揭开。

拓展阅读

[1]BLAIR DAVID. Ripples on a Cosmic Sea: The Search For Gravitational Waves. New York: Perseus, 1999.

[2]BookCaps. Aristotle in Plain and Simple English. Kentucky: Golgotha Press, 2012.

[3]BOLTON HENRY. Evolution of the Thermometer. Charleston: Bibliolife, 2009.

[4]BRYSON BILL. Seeing Further: The Story of Science and the Royal Society. New York: William Morrow Paperbacks, 2011.

[5]BUTTERWORTH JON. Smashing Physics. London: Headline Publishing, 2015.

[6]CALINGER RONALD S. Loenhard Euler: Mathematical Genius in the Enlightenment. Massachusetts: Princeton University Press, 2015.

[7]CERCIGNANI CARLO. Ludwig Boltzmann: The Man Who Trusted Atoms. Oxford: Oxford University Press, 2006.

[8]CLARKE CHANDRA. Be the Change: Saving the World with Citizen Science. CreateSpace Independent Publishing Platform, 2014.

[9]CLERY DANIEL. A Piece of the Sun: The Quest for Fusion Energy. New York: Overlook Press, 2014.

[10]COLLIER PETER. A Most Incomprehensible Thing: Notes Towards a Very Gentle Introduction to the Mathematics of Relativity. Incomprehensible Books, 2014.

[11]CWIKLIK ROBERT. Albert Einstein and the Theory of Relativity. New York: Barron's Educational Publishing, 1987.

[12]DAWSON JOHN. Logical Dilemmas: The Life and Work of Kurt Gödel. Florida: CRC Publishing, 2005.

[13]FERGUSON KITTY. The Nobleman and His Housedog: The Strange Partnership That Revolutionised Science. Auckland: Review Publishing, 2002.

[14]FERMI ENRICO. Thermodynamics. New York: Dover Publications, 1956.

[15]FITZPATRICK RICHARD. A Modern Almagest. Texas: University of Texas, 2013.

[16]GODDU ANDRE. Copernicus and the Aristotelian Tradition. Leiden: Brill, 2010.

[17]GOW MARY. Archimedes: Mathematical Genius of the Ancient World. New York: Enslow.

[18]GRIFTHS A B, R M John Dalton: The Founder of the Modern Atomic Theory. CreateSpace Independent Publishing Platform, 2016.

[19]HEISENBERG WERNER. Physics and Philosophy: The Revolution in Modern Science. New York: Harper Perennial Modern Classics, 2007.

[20]HERMANN HUNGER, PINGREE DAVID. Astral Science in Mesopotamia. Leiden: Brill, 1999.

[21]HESKETH GAVIN. The Particle Zoo: The Search for the Fundamental Nature of Reality. London: Quercus, 2016.

[22]IFRAH GEORGES. Universal History of Numbers: From Prehistory to the Invention of the Computer. New York: Wiley, 2000.

[23]KAISER CLETUS J. The Transistor Handbook. Florida: CJ Publishing, 1999.

[24]KHUN THOMAS S. The Copernican Revolution: Planetary Astronomy in the Development of Western Thought. Massachusetts: Harvard University Press, 1992.

[25]KING HENRY C. The History of Telescopes. New York: Dover Publications, 2011.

[26]KRAUSS LAWRENCE M. Quantum Man: Richard Feynman's Life in Science. New York: W. W. Norton & Company, 2012.

[27]KUPPERBERG PAUL. Hubble and the Big Bang. New York: Rosen Publishing, 2005.

[28]KUTNER MARK L. Astronomy: A Physical Perspective. Cambridge: Cambridge University Press, 2003.

[29]MAHON BASIL. The Man Who Changed Everything: The Life of James Clerk Maxwell. New York: Wiley, 2004.

[30]MALHAM SIMON. An Introduction to Lagrangian and Hamiltonian Mechanics. Edinburgh: Herriot-Watt University, 2015.

[31]METZ JERRED. Halley's Comet, 1910: Fire in the Sky. South Carolina: Singing Bone Press, 1985.

[32]MURRAY CHARLES. The Supermen: The Story of Seymour Cray and the Technical Wizards Behind the Supercomputer. New York: Wiley, 1997.

[33]NEWTON ISAAC. The Principia: The Authoritative Translation and Guide. Trans. COHEN I BEMARD. California: University of California Press, 2016.

[34]OERTER ROBERT. The Theory of Almost Everything: The Standard Model, the Unsung Triumph of Modern Physics. New York: Plume, 2006.

[35]ORZEL CHAD. How to Teach Quantum Physics to Your Dog. London: Oneworld Publishing, 2010.

[36]PAIS ABRAHAM. Niels Bohr's Times, In Physics, Philosophy and Polity. Oxford: Oxford University Press, 1994.

[37]POLKINGHORNE JOHN C. The Quantum World. Massachusetts: Princeton University Press, 1986.

[38]RHODES RICHARD. The Making of the Atomic Bomb. New York: Simon & Schuster, 2012.

[39]ROBINSON ANDREW. The Last Man Who Knew Everything. London: Oneworld Publications, 2007.

[40]SPARROW GILES. Hubble: Window on the Universe. London: Quercus, 2010.

[41]STEFFENS BRADLEY. Ibn Al-Haytham: First Scientist. Greensboro: Morgan Reynolds, 2007.

[42]STOCKLI ALFRED. Fritz Zwicky: An Extraordinary Astrophysicist. Cambridge: Cambridge Scientifc Publishers, 2011.

[43]SWENSON Jr., LOYD S. Ethereal Aether: A History of the Michelson–Morley–Miller Aether-Drift Experiments, 1880–1930. Texas: University of Texas Press, 2011.

[44]THOMAS J M. Michael Faraday and the Royal Institution: The Genius of Man and Place. Florida: CRC Press, 1991.

[45]WHITEHOUSE DAVID. Renaissance Genius: Galileo Galilei and His Legacy to Modern Science. New York: Sterling Press, 2009.

[46]WILSON GEORGE. The Life of the Honourable Henry Cavendish. Leaf Classics, 2013.

图 片 来 源

p19 © Creative Commons | Fae

p23 © Leemage

p35 © Photoresearchers Inc

p55 © Universal Images Group

p59 © Andrew Dunn | Creative Commons

p62 © Christie's Images | Bridgeman Images

p67 © Getty Images

p71 © Royal Astronomical Society | Science Photo Library

p78 © North Wind Picture Archives | Alamy Stock Foto

p84 © Science & Society Picture Library

p93 © Popperfoto

p94 © Bettmann

p99 © Stefano Bianchetti

p105（左）© Science & Society Picture Library

p105（右）© Emilio Segre Visual Archives | American Institute Of Physics | Science Photo Library

p106 © Emilio Segre Visual Archives | American Institute Of Physics | Science Photo Library

p131 © Getty Images

p134 © Margaret Bourke-White

p137 © Alfred Eisenstaedt

p139 © Bettmann

p143 © Bettmann

p149 © Emilio Segre Visual Archives | American Institute Of Physics | Science Photo Library p153 © Joe Munroe

p158 © University Corporation For Atmospheric Research/Science Photo Library

p161 © Argonne National Laboratory | Creative Commons

p163 © Joi | Creative Commons

p167 © Saruno Hirobano | Creative Commons

p169 © Ullstein Bild

p173 © Efda-Jet/Science Photo Library

p176 © Tighef | Creative Commons

p181 © Caltech | MIT | LIGO Lab | Science Photo Library

本书中的所有其他图片都属于公有领域；每一张图片的使用权都归版权者所有；对于任何无意的遗漏或错误，我们深表歉意，并会在后续版本中改正。